Yvon y Maryvonne Dray

LA HISTORIA DE *Karine*

SHANTI NILAYA
EDITORIAL

Titulo original de la obra:
El vuelo de la mariposa
"Ahora vimos a Karine"

3a edición, 2026
Diseño editorial: Editorial Shanti Nilaya®
Fotografías de los autores: Yvon y Maryvonne Dray

ISBN | 978-1-972719-20-6
eBook ISBN | 978-1-972719-21-3

www.editorial.shantinilaya.life

Yvon y Maryvonne Dray

LA HISTORIA DE *Karine*

Mensajes de esperanza desde el más allá por
Transcomunicación Instrumental (TCI)
Edición corregida y aumentada

SHANTI NILAYA
EDITORIAL

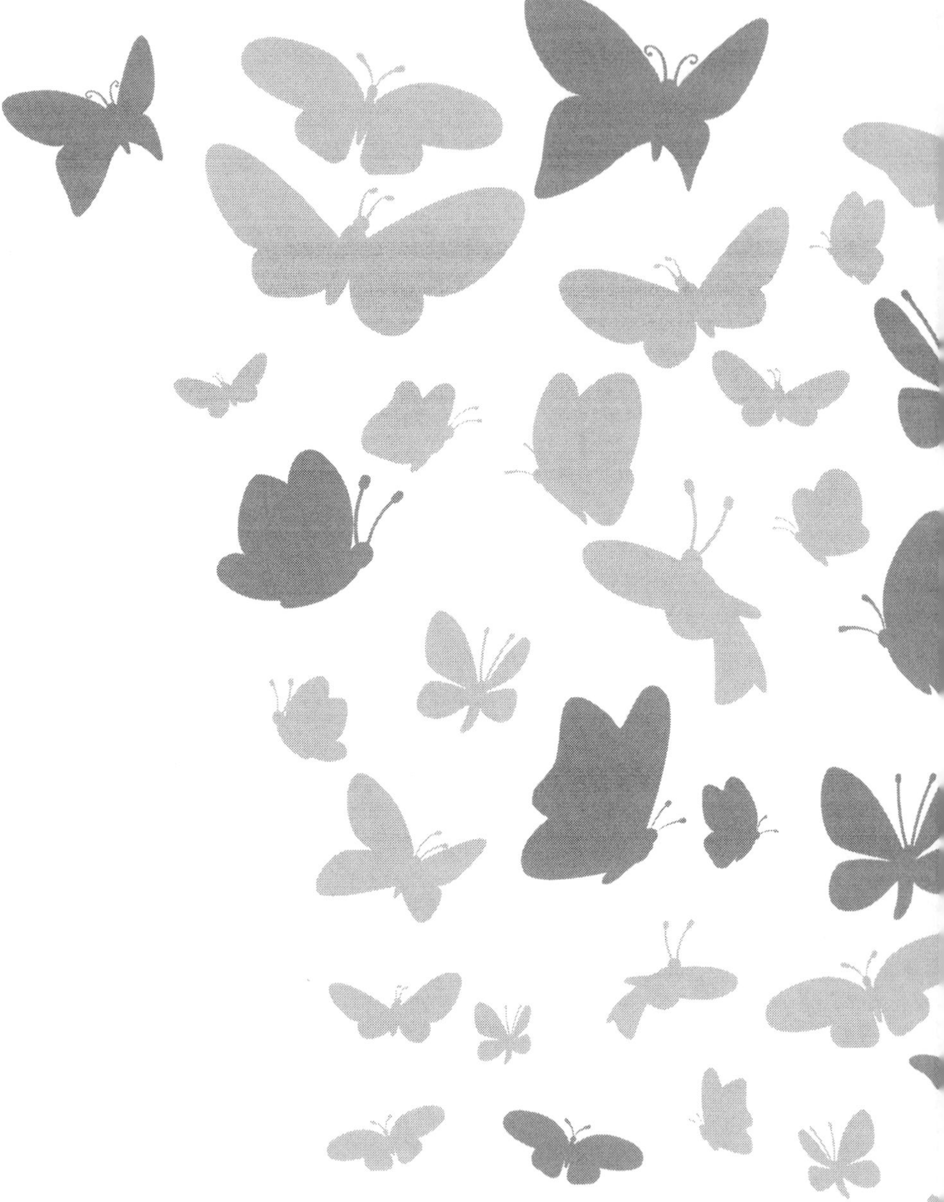

Para ti, Karine, nuestra hija querida,
y para los invisibles que están contigo.
Sin tu amor desde el otro mundo
nada sería posible para nosotros.

Dieu a donné, Dieu a repris,
que le nom de Dieu soit benil
Job 1:21

Prólogo

La evolución de una obra literaria no solo reside en la actualización de sus conceptos, sino en la maduración del alma de quien la escribe. Esta nueva edición es un tributo a la esencia misma que dio vida a estas páginas.

La primera edición se lanzó bajo el título de *KARINE* o *El Vuelo de la Mariposa*. Debido a la constante evolución del tema y de las innumerables experiencias sobre el fenómeno que los autores, Yvon y Maryvone Dray, pudieron observar en sus investigaciones, decidieron lanzar la segunda edición titulada *Ahora vimos a Karine*, ofreciendo a sus lectores testimonios extraordinarios que confirmaron la convicción del matrimonio de que «la muerte no existe» y de que nuestros seres queridos siguen su desarrollo espiritual en otra dimensión porque como lo afirman:

«Efectivamente, pudimos ver a Karine, por más increíble que esta noticia pueda parecer, y les dejamos descubrir en qué circunstancias».

En esta nueva edición, se ha decidido modificar el título por el de *La historia de Karine*, ya que, la gente que conoce su testimonio es como identifica todo lo relacionado a las investigaciones de sus autores.

Yvon Dray, en un gesto de profunda gratitud y amor, desea consagrar este libro a la memoria de su esposa, Maryvonne Gamot de Dray, quien trascendió el 7 de diciembre de 2020 a los 71 años de edad.

«Dedico esta nueva edición a mi querida esposa, Maryvonne. Estuvimos juntos en las alegrías y en la adversidad. Desde 1969, cuando llegamos a México, hasta el invierno del 2020. La escritura automática y la TCI son ella. Sé que desde su trascendencia está con el amor de nuestras vidas, Karine Laetitia Dray. Recibo manifestaciones y mensajes muy lindos de las dos. *Dios las bendiga*».

Este libro pretende ser la continuación del legado de Karine, que sin duda hoy se enriquece con el de su madre. Como lector, podrás confirmar que la partida física de nuestros seres amados no interrumpe el vínculo de amor; al contrario, lo transforma en una presencia constante.

Desde el plano en el que se encuentran ambas envían mensajes y señales que reconfortan el espíritu y validan el propósito de este contenido. Que estas páginas sirvan como puente entre dimensiones y como testimonio de un amor que, al igual que la energía, no se destruye, sino que se transforma.

Frida Ojeda S.

Índice

Introducción

Este es un pequeño libro para una noticia muy grande: ¡la muerte no existe!

Los autores de este libro han conocido el dolor más grande que se pueda sentir en este mundo: la muerte de un hijo. Sin embargo, recobraron no solo el valor para vivir, sino que adquirieron una verdadera fuerza interior que ahora ilumina su alrededor. Y es que han hecho, después de otros, el descubrimiento clave para dar sentido a nuestras vidas.

La vida continúa a través de la muerte; la muerte no es el fin, es un comienzo, un nuevo arranque, un nuevo amanecer. Muchos lo creen, pero estos padres ahora lo saben, porque volvieron a tener contacto con su querida hija, porque entablaron el diálogo con ella.

Gracias a la ciencia y a la moderna tecnología, se ha encontrado la alianza de los antiguos métodos tradicionales de mediumnidad clásica y nuevas posibilidades en este magnífico testimonio. Les puedo asegurar: el dolor no ha vuelto locos a estos padres; los conozco bien y lo que cuentan es verdad. Lo sé yo mismo porque conozco, de forma directa o indirecta, centenas de casos en que esas maravillosas comunicaciones a través del mundo han sido efectivas.

Se trata aquí de una noticia mucho más importante que los descubrimientos científicos que se hicieron en la Luna o Marte, mucho más importante que nuestras rivalidades políticas y profesionales. Se trata de una noticia que nos concierne a todos, directa y personalmente; sin embargo, casi nadie habla de ello.

Gracias a mis amigos Maryvonne e Yvon por haber tenido el valor de compartir su experiencia de dolor y de felicidad. Gracias por la enorme labor que se imponen para difundir la buena noticia en México y América Latina. Gracias por los inolvidables Congresos Internacionales de TCI que organizaron con tanto éxito en Toluca. Gracias por su recibimiento y por tantas emociones compartidas a través de encuentros en programas de radio y televisión. Gracias por la energía que despliegan; pueden levantar montañas de indiferencia para recuperar el sentido de nuestra vida y de su valor para la eternidad.

Y gracias a Karine por la esperanza que nos aporta.

Sacerdote católico romano François Brune
(padre Paco)

Prefacio

Conocí al matrimonio Dray luego de leer una nota periodística que llamó poderosamente mi atención pero que, al mismo tiempo, califiqué como producto de la imaginación. Sin conceder mucho crédito al supuesto de comunicarse con los muertos, me remití a las investigaciones de Sarah Wilson Estep, quien había estudiado y experimentado la transcomunicación instrumental. La lectura de tales testimonios atizó aún más mi curiosidad, y decidí entrevistar personalmente a los señores Dray y conocer más de tan fascinante experiencia.

Cuando por fin tuve la oportunidad de charlar con Yvon y Maryvonne Dray, descubrí en ellos un sentido de verdad en lo que decían y, mucho más importante, un alivio que no proporcionan la fantasía ni el sueño que se piensa realidad. Hablé con un matrimonio que no estaba abandonado al sufrimiento, no obstante la reciente pérdida de Karine en un fatal accidente. Me encontré frente a dos padres que parecían abrazar a su hija en ese mismo momento; yo mismo percibía, de alguna manera, su presencia.

La existencia de vida después de la muerte se registra desde las épocas de los antiguos griegos, egipcios, incas y mayas, quienes rindieron culto a la muerte. En nuestros días, estudiosos de los fenómenos paranormales y parapsicológicos sostienen la teoría de la existencia de vidas posterrenales que gravitan en otras dimensiones.

La transcomunicación instrumental no es un privilegio de los señores Dray. Ya a principios de siglo, Konstantin Raudive logró las primeras grabaciones de voces emitidas por personas muertas; después de fallecido, en 1974, Raudive hizo contacto con este mundo utilizando el mismo sistema. Hoy en día, miles de personas dicen mantener comunicación permanente con quienes se han ido.

Más allá de lo que esta obra pueda representar para la ciencia y para lo que nuestro intelecto alcanza a comprender, se trata de un rayo de luz en medio de la oscuridad que producen el dolor y el desconsuelo que sobrevienen a la pérdida de un ser querido. Es, pues, una herramienta de alivio, esperanza y conocimiento; un puente entre la vida y la muerte que todos podemos cruzar.

Félix García
TV Mexiquense
Programa: Félix en Directo

Karine con gata Magna en 1993.

Karine en el jardín 6 de enero 1995.

1
La muerte no existe

Somos una familia como muchas otras, sin mayores problemas. Nunca creímos vivir una situación tan triste y desgarradora; sin embargo, aquello que solo sucede a otros tocó a nuestra puerta.

El sábado 2 de diciembre de 1995, a las 9:00 horas, nuestra querida hija Karine *s'envole* (se fue) a otro mundo, a consecuencia de un tonto y brutal accidente automovilístico: el vehículo en que Karine viajaba se proyectó a gran velocidad contra un árbol en la carretera México-Toluca.

Tenía 21 años, 7 meses y 14 días. Sensible y responsable, Karine estaba a punto de terminar sus estudios de comercio internacional en el Instituto Tecnológico de Estudios Superiores de México (ITESM), Campus Toluca, y hablaba cinco idiomas. Sin duda, su futuro era prometedor. Apreciada por todos debido a su gran corazón, era nuestra alegría de vivir. Hija única, nuestra vida giraba en torno a ella.

En unos instantes, la tragedia. Ninguna palabra puede describir nuestro dolor y sufrimiento; sencillamente, ambos quisimos morir. Pero una voz interior nos decía que aquello no podía terminar así y nos empujaba a buscar respuestas. Como todos sabemos, el alma es inmortal, pero ¿qué es lo que esto significa?

De confesión israelita, somos creyentes aunque no muy buenos practicantes. De vez en cuando vamos los viernes a la sinagoga y participamos principalmente en las fiestas religiosas mayores. Desde el lunes 4 de diciembre, un día después del sepelio, y a pesar de nuestro mal estado físico y mental, iniciamos la averiguación. Releímos la Biblia y algunas obras sobre el judaísmo, pues buscábamos respuestas por el camino de la religión.

En la segunda o tercera semana de diciembre vimos a nuestro notario, quien nos «abrió los ojos» a la vida después de la muerte. Esta plática de dos horas nos reconfortó y quedó grabada en nuestra mente. Ignorantes al respecto, estábamos muy lejos de imaginar lo que descubriríamos.

El 19 de enero de 1996, por razones profesionales, viajamos los dos a Francia. En una librería de la calle des Rosiers, en París, compramos los *Salmos de David*. La vendedora, a quien preguntamos sobre el tema de la inmortalidad del alma, nos sugirió dos libros que pedimos inmediatamente en una librería especializada: *La mort est un nouveau soleil*, de Elisabeth Kübler-Ross, y *La communication avec les morts*, de Sarah Wilson Estep.

El 3 de febrero, en el vuelo de Air France entre París y México, la lectura de estos libros y el testimonio de centenas de mensajes citados en ellos sembraron en nosotros la inmensa esperanza de que la muerte no existe.

Elisabeth Kübler-Ross, suiza domiciliada en Estados Unidos, fue médico de profesión, doctora *honoris causa* de varias universidades en el mundo y afamada internacionalmente en el ámbito de la tanatología. Considerada como la iniciadora de la investigación moderna sobre el tema de la muerte, durante 20 años pasó cientos de horas con enfermos moribundos y observó sus comportamientos. En numerosos casos, registró las experiencias extracorporales de enfermos terminales, lo que le permitió confirmar la existencia de una vida después de la muerte. Se interesó también en los niños que están a punto de morir y fue categórica al respecto:

Ellos siempre saben cuándo van a morir, cualquiera que sea la causa; o por lo menos el subconsciente lo sabe; lo expresan a través de dibujos, poemas, cartas, comentarios que solamente después de analizarlos entendemos.

Por su parte, Sarah Wilson Estep explora el más allá desde hace 20 años. Con una grabadora interroga a las entidades en la otra dimensión. Ha grabado más de 20 mil mensajes utilizando la técnica electrónica de la transcomunicación instrumental (conocida como TCI) y fundó en Estados Unidos la American Association Electronic Voice Phenomena (AA-EVP).

Existen varios métodos para practicar la TCI, pero en términos generales podemos decir que se requiere de una grabadora con regulador de velocidad, un micro omnidireccional y un amplificador casero. Se recomienda agregar un ligero ruido de fondo (soporte) sobre el cual las entidades modulan su voz. En efecto, con esta técnica los invisibles transforman su pensamiento en voz. Hay que aclarar desde un principio: la TCI no es un juego ni un acto curioso; solo debe practicarse con seriedad y amor para la comunicación con nuestros seres queridos, o para la investigación científica y espiritual.

En una sesión de TCI el transcomunicador hace una pregunta, deja correr la cinta un minuto antes de formular la segunda pregunta y así sucesivamente. Se recomienda no exceder de cinco o seis preguntas; es decir, no pasar más de diez minutos transcomunicando. Al final la cinta se escucha para verificar si hay respuesta. Las voces grabadas pueden ser cavernosas o metálicas. Con el esfuerzo de nuestros amados desaparecidos es posible hasta reconocer su voz o por lo menos sus entonaciones. Ellos requieren de mucha energía para bajar a nuestro nivel de vibración; por esta razón, generalmente sus frases son cortas. No obstante, cualquier pequeña contestación es una prueba de la existencia de un mundo invisible.

Durante ese vuelo de Air France en el que la vida adquirió un nuevo sentido para nosotros, Yvon percibió el perfume de Karine durante una fracción de segundo. Se trataba de la primera manifestación de nuestra hija, pero habría muchas más. Fue como la confirmación de lo que entonces leíamos en los libros adquiridos en París. Días después, de regreso en México, compramos el material básico recomendado en la obra de Sarah Estep.

¿Cómo describir la fuerza y el amor con que cada día efectuábamos tentativas para contactar a Karine? Esta perseverancia y fe fue recompensada por Dios, pues sin su permiso no es posible comunicarse con el otro mundo. El 25 de marzo de 1996, un mes y medio después de la primera tentativa, en el casete escuchamos unos murmullos:

— Karine, *Maman;* Magna (el nombre de su gata).

Explotamos en alegría y llanto. Emocionados, dimos gracias a Dios por el privilegio que nos concedía; oramos por Karine y por todas las entidades que estuviesen con ella.

Así obtuvimos la evidencia de que Karine vive, obviamente en otro estado de conciencia y en otra dimensión. Aunque ella no está físicamente con nosotros, como quisiéramos, no es igual pensar que todo se terminó a unos cuantos metros bajo tierra, que saberla viva.

Unos días antes, otro título localizado en la bibliografía del libro de Sarah Estep nos llegó de París: *Réalité de l›au-delà et transcommunication*, obra de Monique Simonet, pionera de la TCI en Francia. Ahí nos enteramos de una asociación civil de TCI muy estructurada que ayuda a personas en duelo a realizar un contacto dentro de sus modalidades de funcionamiento en Francia.

Infinitude, fundada con el impulso de Simonet y cuyos responsables son Jacques y Monique Blanc-Garin. El 21 de marzo de 1996, cuatro días antes de obtener nuestros primeros resultados, nos inscribimos en dicha asociación.

No fue sino hasta julio de 1996, debido a una larga lista de espera, que recibimos el casete de la asociación con varios mensajes de Karine. El más significativo —pues contesta todas las preguntas que podemos hacernos sobre nuestros seres queridos desaparecidos— es:

—*Car nous vivons, on est libre, on est très bien* (Debido a que vivimos, estamos libres, estamos muy bien).

¿Cómo ser más claros? Es una confirmación para una vida llena de esperanza, en la que no debemos pensar que todo termina con la muerte física, sino en la que debemos considerar la existencia de la verdadera vida que nos espera después de esta. Estamos aquí para aprender y prepararnos para encontrar nuevamente a nuestros seres queridos en la otra dimensión.

En este libro —cuya escritura, por razones prácticas, hemos distribuido entre ambos los diferentes capítulos— también hablaremos de la evolución espiritual de Karine. Sabemos que ella progresa rápidamente. Lo que hacemos aquí la ayuda en su mundo; ella nos apoya y está cerca de nosotros.

Por lo pronto, deseamos compartir este descubrimiento con otras personas; explicarles nuestra experiencia y aportarles un poco de esperanza al constatar que:

> *Entonces, la muerte no es la muerte: es solamente un tránsito hacia una nueva forma de vida, como un nuevo nacimiento.*[1]
>
> *Como hubo un tiempo en el cual ya algunos sabían que la tierra giraba alrededor del sol mientras que otros lo ignoraban, hay los que saben que la supervivencia es un hecho y los que piensan que es solamente una hipótesis sobre la cual se puede siempre discutir; ahora usted sabe.*[2]

Solo queremos transmitirle nuestra vivencia y deseamos que usted emita su juicio al finalizar la lectura de la obra. Una sencilla

---

1 Brune, Francois. (1988). Le morts nous parlen! Ed. Felin. Pp. 56-57.

2 Brune, Francois. Op. Cit. P. 56.

analogía de Elisabeth Kübler-Ross explica que nuestra vida no termina con la llamada muerte:

> *La muerte física del hombre es idéntica al momento en que la mariposa deja su capullo. El capullo y su larva son el cuerpo humano pasajero. Son una casa provisional. Es sencillamente mudarse a una casa más bella.*[3]

---

3 Kübler-Ross, Elisabeth. (1984). *La mort est un nouveau soleil.* Ed. Rocher-Age du Verseau. Pp. 21-22.

Lección de vida

Por Patricia Darré

Extraído de la revista «Le Messager» n.º 34, la revista de Infinitude, Francia.

Siempre me interesé en los fenómenos paranormales. Muy atraída por las historias de mediumnidad, siempre me documenté al respecto sin pensar que un día...

Tuve un sueño. Un sueño extraño que regresó cada noche durante casi quince días. Me encontraba en la sala de un castillo, vacía, gris, polvorosa. Me encontraba en este lugar, sola, pero podía oír en forma distinta chillidos y murmullos que decían:

—Prepárate, es para dentro de poco tiempo, prepárate...

Los sueños cesaron y me enfermé. Solamente una gripe, pero que, durante quince días, no me dejó ninguna tregua. Salí de esta enfermedad bastante debilitada y... diferente. Sensación sentida en varias ocasiones en una convalecencia; sin embargo, estaba consciente de haber sido «modificada».

Unas cuantas noches después, entendí. Me desperté y se me intimó la orden de levantarme, de tomar un papel y un lápiz. Resistí un momento, pero me ejecuté, pues «la voz» se expresaba con una irresistible autoridad. Sentada en mi escritorio, tomé un papel y un lápiz (encontrando esta situación perfectamente ridícula) y sentí mi mano moverse de forma incontrolable para redactar lo que sigue:

Ahora sí... Entras en contacto con un mundo desconocido para ti. A partir de ahora recibirás mensajes, para ti y para los demás, no cuando lo desearás, sino cuando sea necesario. No debes utilizar esta posibilidad para manipular ni para hacer comercio; lo debes hacer para ayudar en forma incondicional. En caso de que no respetaras esta ley, te verías privada de nuestras informaciones. Utilízalas para el bien.

Desde esta fecha, estas informaciones han llegado, numerosas, asombrosas y siempre cuando era útil. Por supuesto, me hice numerosas preguntas; hasta fui a consultar a un psicólogo para asegurarme de que no me había vuelto loca. Tranquilizada sobre este punto, aun así tuve mucha dificultad en asumir mi nueva «realidad», sin saber cómo se desarrollará, llegando a tal punto de «oír» voces que me aconsejan en momentos delicados, o hacerme «ver» difuntos que se manifestaban a los seres que amaban para anunciarles eventos importantes que iban a pasar en sus existencias.

Hace poco tiempo, previendo sin duda que les iba a hablar, me dijeron:

—Esto es lo que vas a decir a los que se quedan...

En efecto, hablamos en estas reuniones de los que «pasaron». Están bien, en su mayoría, y lo dicen, agregando:

—No lloren, no lloren más... Nuestro llanto los detiene, les prohíbe avanzar...

Es cierto, pero nosotros, ¿qué vamos a hacer con su ausencia, con este inmenso dolor? Nosotros, a quienes se nos ha escondido la muerte desde que somos niños, porque en nuestra civilización no se muestra a los difuntos, los escondemos, los enterramos, y después nadie se atreve a pronunciar su nombre por temor... a despertar el dolor, a alejar parientes o amigos que se atrevieron a quedarse con nosotros (generalmente huyen, sin saber cómo abordarnos o como si el duelo fuera contagioso), hacer resonar el estruendo interior que nos hunde en la nada... La nada... Es ella la que nos inspira este deseo de matarnos, y después, cuando esta etapa queda superada, este otro deseo de alejarnos de todo lo que nos rodea, sugiriendo la rebelión... Y después, es la resignación... Y en este momento, poco a poco, un deseo ineluctable de encerrarnos en nuestro dolor, ya que la vida no nos permite exprimirlo. Una sola palabra queda ahora de actualidad: «¿Por qué?».

¿Por qué tan injusta prueba? ¿Qué hice para merecer esto? ¿Qué va a ser de mí? ¡Pues su misión es justamente de... ser!

En las tradiciones de todos los países del mundo, cuando se anuncia una muerte, sucede un nacimiento, porque la muerte engendra la vida. La muerte de sus seres queridos debe engendrar su propio nacimiento, su nuevo nacimiento. Vivir como «antes» es imposible, pero hay que vivir para que sus actos sean útiles a los que partieron, a los que se quedan y, en fin, sean útiles a su propia construcción. Preguntarse lo que vamos a ser es preguntarse por qué estamos aquí. Estamos aquí para vivir, para avanzar. Las pruebas son múltiples, pero están allí para guiarlos, para ayudarlos a renacer.

Encerrarse en su propio dolor es encerrarse en la muerte del otro. De ninguna manera es lo que se le está pidiendo. El «otro» le dice: «No llores»; entienden por esto: «Tienes que vivir para mí». En cuanto ustedes avancen, él o ella avanzará... Si se encierra en un perpetuo e infructuoso sufrimiento, él o ella se encontrará a su vez encerrado o encerrada en una situación desgarradora...

¡Renacer, volver a vivir... para uno mismo, para los que nos rodean, los que conocemos y los que no conocemos sencillamente, porque vivir es... dar!

Dar a los que encontramos, dar a los que sufren, a los bien encarnados que lo necesitan tanto... A los que perdieron un hijo les digo: «Dar amor a un niño que no lo tiene es el único medio para romper el lazo que los une al sufrimiento y así permitir al ser que se fue encontrar la paz lo más pronto posible. Cada entrega de uno mismo (entrega de amor) es un rezo que ustedes dirigen a los que nos dejaron».

La muerte es una transformación. Transformación para el que se va y transformación para el que se queda. Hay que hacer otra cosa de su vida, redoblar de amor y de atención para su alrededor. Después de los gritos, después de los llantos, después de la rebelión, hay que pasar a la serenidad, y encontrará refugio en usted si deja a su corazón percibir los consejos de sus difuntos: «¡Vivan!...».

Trabajen sobre el significado de su presencia aquí, sobre nuestra buena vieja tierra. Estamos de paso por un tiempo, de todos modos, muy corto; pues todos, cuantos somos, iremos a alcanzar a nuestros seres queridos. Ellos, que ya no viven en un sistema temporal, pero que están atentos, y mucho, a las actitudes y a los actos de los que han dejado.

Este paso por la tierra es, parece ser, lo más difícil (a causa, entre otros, de la materia, del dinero, de la apariencia, tantos elementos corruptos); así que hay que lograrlo, y lograrlo es dar prueba de amor. El amor permite vencer al dolor. Por cada niño que se va, den amor a uno que se queda; ayudarán a este a crecer en forma diferente, sin duda a preparar su «paso» más tarde, y al otro lo ayudarán a evolucionar en donde se encuentra y a ser feliz.

Aquí está el mensaje que se me pidió entregar. Vivan su duelo, lloren, griten todo el tiempo que lo necesiten, pero sepan que deben renacer. ¡Renazcan a la vida! Es un deber, porque no se quedan ahí, ¡porque son eternos!

2
Nuestro entorno y el desarrollo de nuestra vida

El objeto de este capítulo es demostrar a los lectores que somos una familia normal, como existen tantas otras en el mundo, desafortunadamente sin un equilibrio adecuado entre lo material y lo espiritual.

Soy Maryvonne Gamot. Nací el 25 de abril de 1949 al norte de Francia, en Bruay-la-Buissière, pequeña ciudad de 30 mil habitantes en donde se vive tranquilamente en la más pura tradición francesa: ¡buena comida, buenos vinos!

Mi padre, Benoni, es empleado administrativo jubilado de las minas de carbón. Él dedica todo su tiempo libre a la música: es clarinetista. Mi madre, Madeleine, es empleada de Hacienda, jubilada también. Mi hermano mayor, Jean-Pierre, es empleado municipal; tiene un hijo, Jean-Christophe, que vive en Niza con su esposa y sus dos hijas. Alain, mi segundo hermano, es maestro. Su esposa es Martine y tienen un solo hijo llamado Arnaud. Poco más hay que decir sobre mis padres y hermanos. Somos una familia en la que nunca pasa nada.

En 1968, Yvon, con quien me casé unos años más tarde, participó en el arranque de una unidad de fabricación de su empresa, la Compagnie Générale de Constructions Téléphoniques (filial de la multinacional ITT), en Longuenesse, a unos kilómetros de mi casa. Yvon me contrató como instructora de adiestramiento para la fabricación de material telefónico, sin que ninguno imaginara que más tarde nos casaríamos.

Soy Yvon Dray. Nací el 14 de mayo de 1937 en Casablanca, Marruecos, cuando este país era territorio francés. Tengo preparación técnica y psicológica. Hice la guerra de África del Norte como paracaidista durante tres años.

De mi primer matrimonio tengo tres hijas: Patricia, Nathalie y Sandrine. La primera de ellas, Patricia, está casada con Jean-Claude y tiene dos hijos: Alexandre y Aurélien. Nathalie es apasionada de la música rock. Con Philippe tienen una magnífica niña que se llama Sarah, nacida el 25 de enero de 1999, nuestro quinto nieto. Sandrine tiene dos hijos: Kevin y Alicia. El esposo de Sandrine es de origen portugués y se llama Agustino. Actualmente todos viven en el sur de París, a unos cuantos kilómetros unos de otros.

Mis padres son originarios de Argelia, también territorio francés en la época de sus nacimientos. Con ellos llegamos a París en 1949. Émile, mi padre, héroe de la Segunda Guerra Mundial reconocido personalmente por el general De Gaulle, fue un plomero muy feliz de ejercer su oficio. Desde su jubilación se volvió apasionado del juego boules lyonnaises (juego típico francés). Un verdadero pied-noir («pies negros»: así se nombra a los primeros franceses que llegaron a Argelia porque usaban zapatos negros), partió al otro mundo el 27 de mayo de 1991 a la edad de 86 años y se comunica con nosotros por TCI y escritura automática. Mi madre, Fortunée, típica mamá judía, durante cincuenta años cada viernes reunió a toda la familia alrededor de un *couscous* (platillo típico del norte de África). También pasó a otro plano de existencia apenas el 10 de septiembre de 1997, a los 88 años de edad, mientras terminábamos la primera edición del libro.

Huguette, mi hermana mayor, es jubilada por el sindicato de pilotos. Su esposo es André, de origen húngaro y muy marcado por la Segunda Guerra Mundial, durante la cual 47 de los 50 miembros de su familia murieron en los campos de concentración. Tienen un hijo, Stéphane, camarógrafo y productor de cine. Por lo que a Lucien se refiere, es jubilado por la administración de armamentos; su esposa se llama Yeyette. Los gemelos Jean-Charles y Daniel no se parecen ni físicamente ni en su carácter. Jean-Charles es empresario en la instalación de alarmas. Fue actor y sigue en los medios de la televisión y del cine. Cada año participa en la organización del teletón para una institución caritativa. Su esposa es Simone y tienen una hija de nombre Laurence, quien es un año más grande que Karine. Daniel es director financiero de una empresa multinacional y viaja mucho por todo el mundo. Es deportista; particularmente practica el tenis y el golf. Su esposa Maguy es cirujana dentista; ambos viven en París al lado de sus hijos Julien y Aurélie.

Al contrario de la familia de Maryvonne, los Dray somos muy ruidosos y todos tenemos un carácter fuerte. En este sentido, Karine es más una Dray que una Gamot. En fin, estos son los abuelos, padres, hermanas, tíos, primos y sobrinos de Karine, familiares con quienes tenemos una relación estrecha.

En enero de 1969, Yvon y yo iniciamos nuestra relación y decidimos buscar nuevos horizontes, lo cual se tradujo en toda una aventura considerando los 18 cambios de domicilio que tuvimos posteriormente.

Con la Compagnie Générale de Constructions Téléphoniques se presentó la oportunidad de viajar a México, donde ITT tiene una filial. Yvon marchó primero, el 15 de octubre de 1969. Cinco semanas después lo alcancé, emocionada.

Una vez establecidos en México vivimos en Toluca, a 50 kilómetros del Distrito Federal. Se trata de una ciudad pequeña en aquel entonces, de 70 000 habitantes, conocida por su famoso mercado de los viernes, por haber compartido la sede de la Copa Mundial de Fútbol en 1970 y por su proximidad con el volcán Xinantécatl, mejor conocido como el Nevado de Toluca.

Éramos felices y teníamos muchos amigos. Los mexicanos son muy hospitalarios y sobre la marcha aprendimos rápidamente el español. No tuvimos problemas de adaptación. Nos enamoramos de Toluca —«la bella», se llama a esta ciudad—. Siempre supimos que haríamos nuestra vida en este lugar.

Patricia, la hija mayor de Yvon, nos alcanzó en enero de 1970 y se quedó con nosotros casi cinco años; Nathalie y Sandrine nos visitaban por periodos de tres meses durante sus vacaciones escolares.

Los años setenta representaron una época extraordinaria, a pesar de que nuestros recursos económicos eran muy limitados debido a los compromisos familiares de Yvon. Durante unos años fui consejera de ventas y en 1972 obtuve el Premio Nacional de Ventas, coordinando el trabajo de 130 distribuidoras en Toluca.

Cada año pasábamos unos días en Acapulco, puerto que hace soñar a los franceses. En diferentes épocas, fue ahí donde las tres hijas de Yvon, y luego Karine, aprendieron a nadar.

Yvon obtuvo su divorcio y nos casamos en el consulado de Francia en México el 8 de junio de 1973. Atestiguaron tres matrimonios franceses, amigos y colegas, entre quienes estaban los señores Bouquet; ellos regresaron a Francia y, cuando nosotros vamos, no dejamos de visitarlos, pues quieren muchísimo a Karine, quien los considera sus tíos. Después de la ceremonia festejamos la boda en el restaurante de Dante Aguilar en Cuajimalpa.

El tiempo transcurría y yo no lograba embarazarme; lo que más deseaba en el mundo era un hijo. Los médicos franceses no lograron solucionar el problema. En Toluca, el doctor Jacinto Celorio encontró un tratamiento milagroso proveniente de Estados Unidos. Por fin estaba esperando un bebé. Por estar bajo estricto control médico, supimos con exactitud la fecha de concepción de Karine y anoté en mi agenda: «Nacimiento el día 19 de abril, antes de las 17 horas».

Los tres primeros meses de embarazo fueron un poco difíciles, aunque en realidad todo se desarrolló de maravilla y sin problemas. Aumenté 20 kilos, pero no se notó mucho, debido a que mi peso normal es de 52 kilos por 1.70 metros de estatura.

El 19 de abril a las 15:00 horas, a pesar de tener algunos dolores desde hacía pocos días, aún nada se producía. A las 15:30 horas, una vecina me acompañó al Sanatorio Toluca. Media hora después el bebé tenía la cabeza casi fuera. Luego de una inyección abrí los ojos minutos más tarde y Karine estaba a mi lado: una bonita bebé de 50 centímetros y tres kilos, el retrato de su padre.

Karine Laetitia Dray Gamot nació el día y a la hora previstos. Las primeras semanas fue un poco complicado alimentarla: ella no podía succionar y debía comer con cuchara, pero pronto todo se estabilizó. A los diez meses y medio ya caminaba y al año la operaron de una pequeña hernia umbilical.

Apasionados del fútbol, cada vez que podíamos la llevábamos a La Bombonera, vestida de rojo, color distintivo del Club Deportivo Toluca. Karine fue una niña adorable que no dejaba a nadie indiferente. Los compañeros y amistades de Patricia la admiraban; un amigo de ella conocía bien a un famoso futbolista del Toluca y más de una vez pudimos observar a Karine pasear por los portales en el Mustang del conocido delantero.

En julio de 1976, con la histórica devaluación del peso mexicano, se canceló un proyecto de Yvon para trabajar en Francia por cuenta de la filial mexicana de su empresa. En aquel tiempo, y después de vivir siete años en México, sentíamos nostalgia por nuestro país. La separación de la familia pesaba, aunque cada año los veíamos durante un mes. Por suerte, se presentó otro proyecto con la filial francesa de la misma empresa y el 31 de diciembre de 1976, cuando Karine tenía dos años y medio, festejamos con *champagne* nuestro regreso y el fin de año en Bruay. Sin embargo, muy pronto confirmaríamos nuestro deseo de retornar a México. Pasarían catorce años antes de encontrar una oportunidad para regresar, pero afortunadamente la estancia profesional de Yvon en Francia fue muy fructífera.

Nuestro primer domicilio allá se localizaba en la calle de la Providence, en París. Karine ingresó al kínder en la calle de l'Espérance. Luego compramos un departamento en Vitry-sur-Seine y Karine siguió su escolaridad en forma brillante y natural, pero sin esforzarse demasiado, lo cual no siempre entendíamos. Al mismo tiempo, participaba en la vida comunitaria israelita y durante siete años estudió el hebreo. Yo trabajé unos años para la casa de alta costura Carven, en Madelios-Trois Quartiers, en el centro de París.

En 1983, los tres salimos para Kuwait: Yvon participaba en un proyecto de construcción de la red telefónica. Toda una aventura, porque los judíos no son admitidos en ese país y tuvimos que presentar falsos certificados de bautizo; existía el enorme riesgo de que nos arrestasen pensando que fuésemos espías de Israel y, por si fuera poco, sufrimos el clima de 50 °C a la sombra. Karine ingresó al Liceo Franco-Kuwaití y estudió el árabe. Por motivos muy complejos, la obra costó 90 millones de dólares americanos a la nación francesa. Yvon era el director administrativo: 1250 empleados de 37 nacionalidades a su cargo. El proyecto fue detenido durante casi tres meses. Era imposible desplazarse en Kuwait sin ser controlado en cada esquina, debido al ingreso de veintidós terroristas que colocaron bombas en siete lugares estratégicos, incluyendo las embajadas americana y francesa. Yvon y Michel Bouquet salieron un día de esta última, donde efectuaban trámites legales; un terrorista ocupó el lugar de estacionamiento que ellos habían desocupado e instaló un coche bomba que explotó minutos después, causando daños humanos y materiales. La aventura terminó para Yvon en 1984, en el quirófano de un hospital de París, con una operación de úlcera.

Tres años después se presentó en Reims (ciudad en donde hoy sabemos vive la pionera de la TCI en Francia, Monique Simonet) una oportunidad en la filial de Alcatel, empresa que compró en 1987 el sector de telecomunicaciones de ITT a nivel mundial. Reims fue un verdadero descubrimiento para Karine: fue la ciudad que amó y con la que se identificó. Al final de 1989, Yvon fue contactado para participar en una transferencia de tecnología telefónica entre Alcatel Francia y México. Hacía casi catorce años que esperábamos esta noticia. Pero un evento muy importante estaba aún por acontecer.

No soy judía de nacimiento, pero desde mi adolescencia estuve interesada en esta religión. Inicié un curso de conversión en México, a finales de 1975, con el rabino Klein, quien se jubiló en Miami unos meses después. Con el regreso a Francia mi proyecto se retrasó, pero reinicié los cursos en Vitry-sur-Seine y después en la sinagoga Copernic de París; luego se presentó el trabajo en Kuwait y cada vez había que reiniciar todo. Finalmente, y después de otros trámites, Karine y yo nos convertimos oficialmente al judaísmo el 18 de diciembre de 1989. El 7 de enero de 1990, Karine celebró su *bat mitzvah* (comunión) y el mismo día Yvon y yo por fin nos casamos religiosamente, ante la familia y amigos presentes.

Por fortuna, la conversión llegó a tiempo para Karine gracias a la intervención del rabino Fahri, quien supo comprender nuestra situación; para demostrarle nuestro agradecimiento e informarle de los adelantos de nuestra experiencia, siempre lo visitamos cuando vamos a París. Esperamos que él sea uno de los primeros en interesarse por la TCI. Lo visitamos en enero de 1996 y, al hablar sobre la inmortalidad, nos dijo:

—Seguramente Karine tiene una misión para el bien de la humanidad.

Hoy sus palabras adquieren pleno sentido.

Mientras corrían los trámites para el viaje a México, y al término del calendario escolar, Karine, ya de dieciséis años, se enamoró de David, su primer novio. A mediados de mayo de 1990 abordamos el avión para México. Para Karine fue un drama abandonar a David; durante las doce horas de vuelo lloró desconsoladamente y no quiso sentarse junto a nosotros.

Al volver vivimos nueve meses en la colonia Cuauhtémoc, del Distrito Federal. Karine estudió en el Liceo Franco-Mexicano de esa ciudad. Después nos trasladamos a Toluca, donde compramos una pequeña casa. Durante dos años Karine vivió con la familia de Claude Lebrun, presidente del liceo, cuya hija, Anne, era su mejor amiga. Ellas eran compañeras de grupo. Karine viajaba a Toluca los viernes por la noche y a la ciudad de México los lunes por la mañana.

A pesar del cambio, Karine obtuvo su título de bachiller. A ella le habría gustado estudiar literatura francesa, pero en México era casi imposible y ella aún era muy joven para vivir sola en Francia, así que decidió hacer sus estudios de licenciatura en el Instituto Tecnológico de Monterrey, campus Toluca, en la carrera de Comercio Internacional, que en agosto de 1992 recién se iniciaba en ese campus; es decir, saldría con la primera generación.

Esto significó una hazaña: accedió a la educación superior sin haber estudiado español, pues lo aprendió en el patio de recreo del liceo. A pesar del problema del idioma, obtuvo un promedio de 9 en sus calificaciones.

Llena de esperanzas, sus estudios estaban programados para varios años: deseaba cursar un doctorado en la prestigiada Hautes Études Commerciales (HEC) de París y no quería casarse antes de terminar todos sus estudios, pero mencionaba que tendría seis hijos... ¡Quizá por ser hija única!

Karine tenía muchísimos amigos, tanto en la escuela como fuera de ella. No siempre estuvimos de acuerdo con su criterio para escoger sus amistades, que algunas veces le hicieron cometer errores, pero sabía reconocerlos de muy buena fe y aprendía de ellos.

En ese entonces, yo administraba una distribuidora de productos naturales a base de sábila. Karine aprendió rápidamente el funcionamiento del negocio; me ayudaba con regularidad y eficacia. La tienda funcionaba muy bien y ganábamos premio tras premio, lo que nos permitía asistir año con año a los congresos en buenas condiciones: San Antonio (Texas), Acapulco y Disney World (Florida). Durante años Karine soñó con visitar ese lugar y en septiembre de 1994 realizó su sueño; nunca la vimos tan feliz como en Disney World, disfrutando durante nueve días cada uno de los juegos.

Después vendimos el negocio para comprar la casa que hoy habitamos. Yvon y yo viajamos a América Central, Sudamérica y Europa, en donde Yvon imparte cursos de capacitación comercial en las filiales de Alcatel. Karine se quedó sola y administró la casa con mucha madurez; era una chica muy responsable.

¡La vida era maravillosa! Teníamos una hija preciosa e inteligente que era nuestro orgullo y se desarrollaba en perfecta armonía con nosotros.

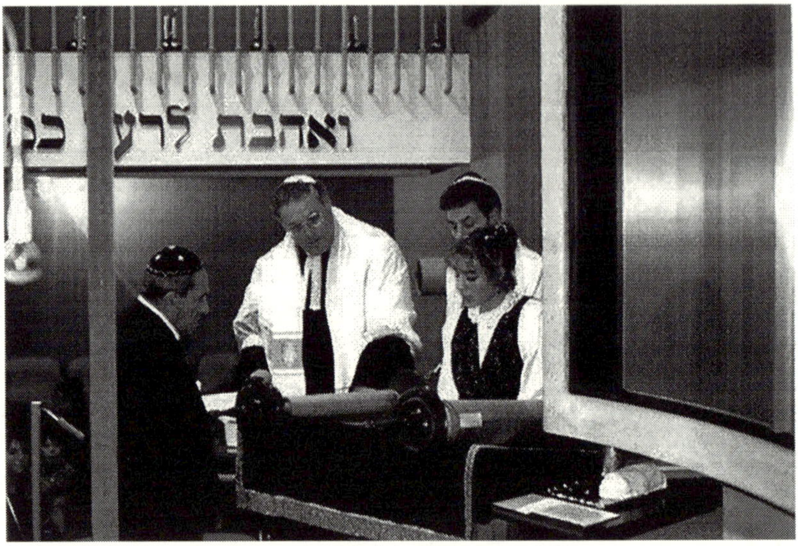

Karine lee la Thora durante su *bat mitzva*
el 7 de enero de 1990 en París.

Karine, foto de su CV, noviembre de 1995.

Yvon y Maryvonne. Boda religiosa en París el 7 de enero de 1990.

3
El accidente

El viernes 1 de diciembre de 1995, Karine finalizó el séptimo semestre de su carrera con buenos resultados; le faltaba un año para obtener el título de licenciada en Comercio Internacional.

El 23 de noviembre del mismo año me acompañó a la exposición Francia 2000; durante el evento, algunos ejecutivos franceses le ofrecieron colaborar con sus empresas. Sin embargo, su idea era doctorarse en la HEC, universidad francesa que realiza intercambios con el Instituto Tecnológico de Monterrey. El 8 de diciembre Karine visitaría Francia durante dos meses. A partir del día 26 estaría una semana en Chamonix para practicar su deporte favorito: esquí. Ya tenía número de asiento reservado en el vuelo de Air France.

Mi hija acostumbraba ir con sus amigos a la discoteca. Esta vez era fin de semestre y decidieron ir al Distrito Federal, lo que hacían con poca frecuencia. A Karine le gustaba mucho bailar; podía hacerlo horas y horas; según los comentarios de sus amigos, era incansable. Su madre le dio permiso para ir a divertirse; antes de salir, Karine ayudó a poner la mesa, pues el sábado recibiríamos en casa a dos matrimonios de colegas para un couscous. Después de la discoteca, Karine pasó a la casa de unos amigos en México. Debía estar con nosotros a las diez de la mañana a más tardar, precisamente para la comida que tendríamos.

Eran las diez de la mañana del sábado 2 de diciembre y Karine no llegaba. Hay que decir que ella era muy puntual y nos avisaba por teléfono cualquier retraso que tuviese. Empezamos a preocuparnos. A partir de las 10:30, Maryvonne llamó y preguntó por Karine a todas sus amistades, pero las respuestas fueron confusas y hasta contradictorias; nadie sabía o nadie quería decir nada. Para dejar pasar el tiempo, salí a comprar el pan y el periódico, pero estaba excesivamente nervioso.

Como a las 12:30, llamó un joven que no se identificó y pidió a Maryvonne que nos pusiéramos en contacto con el Ministerio Público de Lerma. No dio más información. Angustiada, Maryvonne me llamó por el celular y me pidió regresar de inmediato. Sentí pánico, como si algo malo sucediera; Maryvonne me escuchó decir:

—Pero ¿qué está pasando?

Minutos después llegaría a casa. Entre tanto, y con la ayuda de la operadora —pues el teléfono siempre estaba ocupado—, Maryvonne logró comunicarse con un funcionario del Ministerio Público. Le indicó que buscaba a su hija Karine Dray, pero el funcionario no quiso dar información y pidió hablar con el jefe de la familia o con un hijo mayor. Yo aún no había regresado. Finalmente, y después de insistir, dijo:

—Su hija falleció esta mañana en un accidente automovilístico, un poco antes de las nueve horas.

Maryvonne gritó y soltó el teléfono. Yo llegué en ese momento y me enteré de lo sucedido. También grité y golpeé la pared con mis puños. ¿De qué otra forma se recibe una noticia como esa, que quedó grabada como la peor de nuestra vida? Petra, la señora que nos ayudaba en casa, trató de calmarnos.

Habían pasado casi cuatro horas desde que ocurrió el accidente... ¿Por qué nadie nos avisó? Karine siempre traía sus documentos con ella. «Volamos» hasta el Ministerio Público. Antes de salir, avisamos a una vecina que estaba en la puerta de su domicilio. Por el celular también informamos a un colega, Pedro

Luis Sánchez, y a dos o tres personas para que nos alcanzaran en el Ministerio Público. Tuvimos que realizar los trámites legales, muy pesados en tales circunstancias, pero afortunadamente contamos con la ayuda de nuestros amigos, que llegaron por decenas. Había empezado a funcionar el «teléfono árabe».

Obtuvimos los primeros datos oficiales: «Un poco antes de las 9:00 a. m., un Jetta de color negro percutió a gran velocidad un árbol». Karine falleció inmediatamente y el conductor, un compañero de la universidad que no conocíamos, estaba herido en el hospital. Vimos de lejos el automóvil, completamente destrozado, sujeto a una grúa.

En la morgue forzamos las puertas, pues no nos permitían entrar a los dos al mismo tiempo. Ahí vimos físicamente por última vez a nuestra querida hija, el momento más doloroso en nuestra memoria. Después supimos que falleció de cuatro heridas mortales provocadas por el cinturón y debido a la fuerza del golpe. Su cuerpo apenas mostraba una ligera herida, hecha por los lentes de sol en la cara. Hasta parecía esbozar una suave sonrisa.

Regresamos a casa, en donde muchísima gente nos esperaba. Iniciamos la penosa tarea de avisar a la familia en Francia. Aún no podíamos asimilar lo que estaba sucediendo. Pasamos el resto de la tarde y la noche velando a Karine. Decenas de personas desfilaban ante nosotros, pero no las veíamos. Logramos obtener el apoyo de nuestra comunidad religiosa, que envió a dos de sus miembros para orar y preparar el sepelio. Abraham Volleinstein fue uno de ellos; meses después aún nos asistía y orientaba. También acudió otro matrimonio judío. Sin ellos, ¿quién en Toluca hubiera podido orar por Karine en hebreo y según nuestra tradición?

Hacia las 9 de la noche, unos amigos trataron sin éxito de conseguir una estrella de David para ponerla sobre el ataúd. En medio de nuestra angustia, hasta habíamos pedido a un amigo reservarnos un espacio en el panteón municipal. Maryvonne quería tener a su hija cerca de ella, pero lo más apropiado sería llevar a Karine a un cementerio israelita en el Distrito Federal.

El domingo 3 de diciembre de 1995, gracias a la intervención de Ari Kahan, reconocido por su gran calidad humana, se llevaron a cabo los funerales. Centenas de personas nos demostraron su afecto y acompañaron a Karine a su última morada. El rabino Marcelo Rittner nos reconfortó con el cariño que lo caracteriza, y permitió solo a la mitad de los asistentes presentarnos su pésame; de lo contrario, la ceremonia nos habría tomado demasiado tiempo.

Eran las 16:30, la misma hora de su nacimiento. Todo había terminado. Volvimos a casa dos horas más tarde. Nos sentamos en la alfombra; las gatas Magna y Nova, así como el perro Tuly, se acercaron y nos miraron con tristeza; estamos seguros de que ellos entendían lo que pasaba. A pesar de no haber dormido desde hacía 36 horas, hablamos de Karine hasta medianoche. ¡Nos sentíamos una familia destruida!

Independientemente de su ausencia física, que era ya un gran pesar, lo que más nos parecía injusto era que Karine no podría llevar a cabo sus proyectos personales y profesionales ni desarrollar la vida que tenía planeada. Y todo a consecuencia de la irresponsabilidad de una persona. Con nuestro sufrimiento a cuestas, durante casi un año tuvimos que luchar para encontrar la verdad y enfrentar el proceso legal y humano solos, con excepción de nuestros abogados y de José Durán, un compañero que semana tras semana nos acompañaba al Ministerio Público.

Ninguna persona involucrada directa o indirectamente en el accidente se acercó a nosotros para informarnos de las circunstancias en que sucedió. Nos trataron con total indiferencia y hasta nos humillaron con observaciones indecentes. Caminamos varios kilómetros sobre la carretera para encontrar el lugar exacto en donde el automóvil chocó contra el árbol. Así descubrimos que el reporte efectuado tiene errores al respecto. Para contrarrestar los falsos testimonios, hicimos nuestra propia averiguación; encontramos a un matrimonio que vio el accidente a unos cuantos metros. Como siempre lo hemos hecho en la vida, luchamos con todas nuestras fuerzas para vigilar un proceso que no siempre considera a la víctima. No aceptamos el comentario de un juez:

—Es Dios quien determina la justicia, no yo.

Si hablamos de justicia divina, obviamente es Dios quien fija las reglas, pero mientras estamos en la tierra la justicia debe ser hecha por los hombres y el juez ha sido designado para ello; de hecho, es quien dicta la sentencia. Así que esa frase sobraba y no servía de consuelo a los padres de una chica de 21 años que falleció en la flor de la edad por la imprudencia de un conductor.

Elisabeth Kübler-Ross afirma «Dios no es alguien que castiga y condena...».[4] Lo que hemos aprendido de nuestros amigos que se fueron, lo que hemos aprendido de los que regresaron, es la seguridad de que cada ser después de su tránsito, habiendo experimentado el sentimiento de paz, de equilibrio y de plenitud, y habiendo encontrado a una persona querida para ayudarlo en este tránsito, debe mirar algo que se parece a una pantalla de televisión en la cual se refleja cada uno de sus actos, de sus palabras y pensamientos terrestres.[5]

De acuerdo con esta afirmación, sabemos que no es la justicia divina la que está en cuestión, pues nadie puede huir de ella; es la justicia terrenal la que debe preocuparnos. Para terminar este capítulo y pasar a la cronología de los hechos que nos permitieron comunicarnos con Karine, agradecemos a las centenas de personas que nos apoyaron durante esta prueba terrenal que tuvimos que enfrentar.

---

4 Kübler-Ross, Elisabeth. *Op. Cit.* P. 75

5 Kübler-Ross, Elisabeth. *Op. Cit.* P. 75

Elogio de «K»

Por el PLU

Resulta realmente extraño darse cuenta cada semestre de que la gente de pronto desaparece. Puede ser que simplemente se marche o que haya terminado su periodo de estancia, retirándose a cumplir con otro eslabón más de lo que a la larga representa la vida profesional; uno se da cuenta ya una vez que pasa, y puede ser en un momento inesperado y de la forma más extraña.

Una tarde de hace pocos días me ocurrió algo que comúnmente no me sucede, que consiste en sentarme por un momento en una banca y detenerme a contemplar la explanada. Parecerá cosa de locos, ya que en estos tiempos donde el tiempo da la impresión de irse muy pronto y tonterías de esa estirpe, ya muy poca gente se detiene a contemplar un espacio tan poco atractivo y tan artísticamente burdo como lo es nuestra explanada (no es crítica), pero así estaba sucediendo. Después de todo, se vienen cambios importantes en mi persona: ya llevo un buen tiempo de relación absolutamente feliz y estable y, por primera vez en tantos años, siento un deseo irreprimible de volver a tener un libro de texto en las manos y, lo que es mejor, puedo satisfacer este impulso.

Mientras el sol cae e ilumina una parte vacía, me parece raro, porque en otros días solía estar llena de algo: una risa, un guiño de ojo, una mirada diferente a la de las demás, una imagen que a veces pudiera parecer rara, atractiva, pero que definitivamente no te podía dejar indiferente. Si en alguna ocasión pasé de largo estos detalles o los omití a propósito (que estoy seguro de haberlo hecho), por primera vez me pareció extrañar ese ademán; aunque el trato no se extendió a más que el hecho de sonreírnos al vernos, no sé por qué pienso que ahora le hará tanta falta a este lugar.

Estoy seguro de que la respuesta se encontró en la señal de sorpresa al enterarnos de la noticia, en los minutos de preocupación al oír a mis amigos, a los que habían convivido con ella y estaban tristes; a toda una generación que me tocó ver entrar, golpeada en su sentir más profundo y, sobre todo, volver a recordar la sonrisa intercambiada, la inevitable reacción de voltear a verla pasar y un sentimiento extraño de tristeza que solo me regresa a ese espacio iluminado de sol, ahora vacío, esperando por ella. Sin embargo, el espacio ahora está vacío, al igual que la mueca de saludo que tenía para saludarla, de la cual, curiosamente, no me acuerdo; quizá lo haga cuando la vuelva a ver.

En memoria de Karine Dray (dic. 1995)
Homenaje de un compañero del TEC de Monterrey.

4
Las manifestaciones

Las coincidencias

En nuestra búsqueda de respuestas, notamos desde el principio una serie de coincidencias. Hoy sabemos que el azar no existe y que quizás estas «casualidades» tienen otro significado. Por ejemplo, en muchas ocasiones encontramos el número 7 (cifra divina), múltiplo o adicionado, marcando momentos importantes de nuestra vida:

- Su edad al momento de su desaparición: 21 años, 7 meses y 14 días.
- Su bat mitzvah (comunión): 7 de enero de 1990.
- El mes religioso de su fallecimiento: 7 de enero de 1996.
- El nacimiento de Yvon: 14 de mayo de 1937.
- Mi nacimiento: 25 de abril de 1949.
- Primer contacto en TCI con Karine: 25 de marzo.

La lista podría extenderse aún más. Además, recordamos que a la edad de siete años, y durante varios meses, Karine despertaba cerca de las 9:30 y se expresaba en un lenguaje totalmente desconocido. Al día siguiente no recordaba nada.

Luego hallamos otras coincidencias:

- Últimamente Karine había leído una vez más sus libros de caricaturas.
- Hizo una lista de sus platillos favoritos y casi alcanzó a comerlos todos.

- El 8 de noviembre de 1995, escribió a Frederic Roure, un compañero del Liceo Franco-Mexicano que estudiaba en París: «Piensa en mí de vez en cuando», sabiendo que lo vería unas semanas después.
- Unos días antes del accidente, dirigiéndose a Balu, el viejo pastor inglés que tenía su amigo Ernesto, le dijo: «Tú no me olvidarás nunca».
- Tuve un presentimiento unos días antes del accidente. Incluso dije que si algo le sucedía a Karine, cerraría la puerta de su cuarto para siempre.
- Una semana antes del accidente compré en Metepec un árbol de la vida y una mariposa.
- El viernes 1 de diciembre de 1995, Yvon arregló sus archivos como si fuera a ausentarse largo tiempo.

Lo anterior confirma esta cita: «Creo que nada en la vida se debe al azar».[6] El mejor ejemplo para nosotros de esto fue la llegada, el 4 de abril de 1997, de Graciela, quien vino a proponernos, de manera espontánea, ayudarnos en las labores de la casa. Por sus cualidades demostradas desde entonces, no tenemos duda de que Karine la guio hacia nosotros.

Los sueños

El sueño es el medio más fácil que nuestros invisibles seres queridos encuentran para comunicarse con nosotros; sin embargo, Karine utilizó otros medios para manifestarse y en nuestros sueños aparece solo de vez en cuando.

En uno de mis sueños, Karine me dijo que lo que sucedió me acercaría más a Yvon y que estaría más feliz; en otro, su rostro aparece en mi almohada, le pregunto cómo está y me contesta: «Estoy viva, estoy bien, estoy feliz».

6 Kübler-Ross, Elisabeth. *Op. Cit.* P. 45

En un sueño de Yvon, estamos los tres en un lugar maravilloso e iluminado como de cuento; en otro, Karine viaja a su lado en el auto y lo guía; Yvon no puede frenar. Otra vez, a gran velocidad pasa por un túnel a cuyo extremo hay una luz muy intensa que se refleja sobre su pulsera y lo despierta.

Con este último sueño, experimentado el 25 de enero de 1996 en París, Yvon se convenció de que Karine lo llevó esa noche a su mundo. Aún no habíamos obtenido el libro de E. Kübler-Ross que describe escenas similares, pero encontramos la confirmación de dicha posibilidad en la obra titulada *Los muertos nos hablan*, del sacerdote François Brune:

> *Parece que hay al menos otra forma de acceder a los mundos superiores o quizá de atravesar este túnel: durmiendo. Muchos de nuestros seres desaparecidos nos afirman que, muy seguido, los alcanzamos durante nuestro sueño. Existen, entonces, encuentros provisionales verdaderos, suaves conversaciones de los cuales, desgraciadamente, casi siempre perdemos el recuerdo al despertar.*[7]

Las manifestaciones físicas

La primera manifestación que percibimos sucedió el sábado 3 de febrero de 1996, dos meses después de la desaparición de Karine. En el vuelo México-París, Yvon sintió durante una fracción de segundo el perfume de Karine (Loulou de Cacharel); interrogó a los pasajeros cercanos a nosotros, pero ninguno llevaba perfume en ese momento.

El domingo 11 de febrero del mismo año, cuando nos levantamos, la luz del estudio estaba prendida; era imposible haber subido a la recámara en la noche sin verla. Karine parecía decirnos: «Aquí estoy». Lloramos y oramos en una mezcla de

7 Brune, Francois. *Op. Cit.* P. 146

alegría y tristeza. Ese mismo día fuimos a la sinagoga en México para verificar el texto de la lápida. Al volver a casa encontramos la calculadora prendida. Unos minutos antes de salir al Distrito Federal, ambos habíamos estado en el cuarto de Karine frente a esta máquina; se trata de un aparato de tamaño mediano cuyo mecanismo no puede activarse fácilmente, ni sus luces pasar desapercibidas.

Desde entonces y hasta el 25 de marzo de 1996, fecha del primer contacto positivo por TCI, las manifestaciones se multiplicaron:

- En el comedor, dos sillas desplazadas a la misma posición que las ubicaban Karine y una amiga cuando hacían la tarea.
- Otra vez la luz en el estudio.
- Puertas que se azotaban, aun cerradas con llave.
- Un diploma mío, enmarcado y colgado, cayó a dos metros del suelo sin romperse; hemos hecho pruebas y el vidrio del cuadro nunca resistió una caída de más de 50 centímetros. Después del incidente, Magna, la gata de Karine, se acostaba en donde había caído el cuadro, olía la alfombra y se dormía ronroneando.
- En varias ocasiones sentimos el perfume de Karine: en la oficina de Yvon, en la sinagoga, en el automóvil.
- El televisor se apagó y encendió varias veces sin corte de energía eléctrica (lo verificamos en el microondas y la contestadora, que seguían funcionando).
- Despierta, «reviví» las circunstancias del accidente, como si yo hubiese viajado en el automóvil; más tarde, cuando logramos conocer la verdad de los hechos, pude darme cuenta de la exactitud de esta manifestación.
- Al regreso de un viaje, encontramos a Magna arriba de un mueble inaccesible a una gata de su peso y tamaño.
- Un día vimos a Tuly girar a gran velocidad sobre sí mismo, como si alguien le jalase los bigotes.
- Sola en casa, dejé una marca en la página 57 de un libro y minutos después la encontré en la página 87.

- En la contestadora hallamos la indicación de un mensaje; cuando intentamos escucharlo, la cinta corrió al revés.
- Sentada a solas en la sinagoga, alguien me pisó el pie.
- De viaje en Quito, Ecuador, Yvon regresaba de su trabajo al hotel; en el camino oyó la voz de Karine que le dijo: «Entra en la librería, ahí está mamá». Así lo hizo y me encontró.

Estos son ejemplos de una larga lista de manifestaciones a través de las cuales Karine quiere decirnos que está con nosotros y viva. Ella era muy bromista y juguetona, y allá continúa siéndolo. Sus manifestaciones son cada día más fuertes y más perceptibles. Estos son algunos ejemplos de esta evolución:

El 8 de junio de 1996, en un vuelo entre San Salvador y Guatemala, tuvimos que esperar una hora antes del despegue por causa de una falla técnica. Una vez iniciado el vuelo, cuya duración es de 25 minutos, el comandante anunció que empezábamos el descenso a Guatemala; sin embargo, Karine transmitió a Yvon un pensamiento: «El avión regresa a San Salvador». Él rechazó esta idea, pero unos minutos después el comandante anunció que volvíamos a San Salvador para reparar una falla en los talleres de la compañía aérea.

El 11 de junio de 1996 se produjo la manifestación quizá más significativa. Unos días antes, en San José de Costa Rica, mi esposo estaba en la filial de su empresa y yo en el hotel Camino Real de esa ciudad; hablamos por teléfono y comentamos la charla telefónica que Yvon tuvo con mi padre, concerniente al grave estado de salud de mi madre, ambos en Francia. Días después, ya en Toluca, en presencia de un testigo escuchamos en la contestadora nuestros mensajes y encontramos un fragmento de la conversación telefónica que Yvon y yo habíamos sostenido en San José. Quisimos escuchar nuevamente el mensaje, pero ya había desaparecido y en su lugar oímos lo que había dicho Yvon frente a la contestadora: «No es posible, es la conversación de Costa Rica», que también desapareció después. Más tarde pudimos escuchar normalmente los mensajes. Como decía Isaac Newton, el famoso físico, matemático y astrónomo inglés: «Las cosas no necesitan ser explicadas, se requiere solamente que sean verdaderas». Ese mismo día, en la caja de herramientas que utilizamos con frecuencia, encontramos una letra «K» bordada en rojo. Nunca antes la habíamos visto.

El 19 de junio de 1996 salimos a Francia y el domingo 21 toda la familia se reunió en la nueva casa de Jean-Claude y Patricia en Ponthierry, un suburbio de París. Después de la comida, que hicimos en el jardín, platicábamos de pie alrededor de la mesa. De repente, había una taza de café en el suelo; nadie la vio caer, pero todos acusamos a mi cuñada Huguette, quien estaba más cerca de la taza; más tarde Huguette confesaría que tuvo que sujetarse a la opinión de todos, pero que ella nunca se acercó a la mesa; además, llevaba un vestido blanco que no mostraba manchas.

Algo similar sucedió a mi escéptico concuño André: cuando encontramos un plato en el piso, esta vez mi cuñada lo acusó de haberlo tirado, pero él estaba casi a un metro de la mesa. Minutos después, el volumen del televisor, que habíamos puesto al nivel más bajo, subió sin que alguien hubiese tocado el control. El técnico con quien se llevó a revisar el aparato nunca pudo explicar el motivo de la falla.

Entre el 8 y el 10 de agosto de 1996, escuché cuatro golpes en la pared, cuatro golpes en el vidrio de la recámara, cuatro golpes sobre la cabecera de la cama.

El 23 de agosto de 1996, en San Salvador, me comunicaba con Karine en el cuarto del hotel por escritura automática. Mientras escribía, sentí una fuerte vibración contra mis piernas y casi me caigo de la silla. Por transmisión de pensamiento, Karine se disculpó más tarde explicándome que llevó a Ruffo, un enorme perro que se había ido unos meses antes.

El 27 de agosto de 1996 asistimos al Ministerio Público de Lerma. Debido a que estuvimos de viaje, hubo una confusión con nuestro abogado acerca de la fecha. A las diez en punto, hora de la cita, él apenas salía de Toluca. El abogado de la defensa y el juez no quisieron esperar y las declaraciones se iniciaron. La secretaria tecleaba en la computadora. Veinte minutos después, al término de las declaraciones, llegó nuestro abogado. Sin que la empleada encontrara una explicación, todo lo declarado se borró en la computadora.

Entre el 14 y el 16 de octubre de 1996 sentí varias veces sobre mi cama la presencia de un gato caminando.

El 17 de diciembre de 1996 teníamos una cita en la Alianza Francesa. Yvon me pidió manejar. A su mente llegó el mensaje: «Si mamá maneja, va a chocar», pero él lo rechazó. Efectivamente, alguien chocó mi automóvil.

El 20 de enero de 1997, una mariposa monarca se agarró a mi dedo; al ver mi asombro, Karine me explicó mentalmente que era ella (en griego, mariposa y alma tienen el mismo nombre: psyché).

Finalmente, la más hermosa manifestación se produjo durante un viaje a París, donde Yvon asistía a un curso sobre estrategias de venta. Aprovechando nuestra estancia, el sábado 22 de marzo de 1997 fuimos a conocer al matrimonio de Jacques y Monique Blanc-Garin, en Normandía. Ellos presiden la Asociación Infinitude y en julio de 1996 habían establecido un bello contacto con Karine. Ese sábado, precisamente, habría en su casa una reunión práctica de TCI con un grupo de quince personas. Para nosotros era la oportunidad de mejorar nuestra técnica TCI, que habíamos aprendido solamente a través de lecturas.

Unos días antes había encontrado un par de veces mi medalla estrella de David fuera de su cadena sin motivo aparente. Examinamos la cadena y la medalla y las llevamos a una joyería donde confirmaron que ambas estaban en perfectas condiciones; desde esa fecha las traigo puestas y la medalla no se ha vuelto a desprender.

Durante la reunión, cada quien hizo dos preguntas a su ser desaparecido y luego dejamos correr la cinta un minuto para permitirle contestar. Al final de las preguntas, escuchamos juntos las respuestas obtenidas. Casi todos grabamos la sesión en su totalidad como recuerdo de ese día tan especial. A mi pregunta: «Karine, ¿puedes indicarme el significado de haber encontrado mi medalla suelta dos veces?», la respuesta fue:

—*Maman je t'aime* (Mamá, te quiero).

Estábamos felices, aunque un poco decepcionados de la respuesta, pues habíamos supuesto que Karine nos quería avisar del robo de la medalla o algo así. Nos quedamos a cenar con Monique y Jacques, y fijamos la fecha para el Primer Congreso Internacional de Transcomunicación Instrumental en México, pues ya habíamos decidido tomar la iniciativa de organizar este excepcional evento. Conversamos telefónicamente con Y. Lines, de Infinitude, quien nos envió en octubre de 1996 unos mensajes extraordinarios de Karine, de los que hablaremos más adelante. Esa misma noche también conversamos vía telefónica con Monique Simonet, pionera de la TCI en Francia y autora de ocho libros sobre el tema.

Regresamos a París a las 4:00 de la mañana y al otro día escuchamos nuevamente la grabación en donde, recuérdese, había respuestas para todos los participantes. ¡Sorpresa! A mi pregunta sobre la medalla, la respuesta ya no era *Maman je t'aime* sino:

—*On va se voir à la synagogue vendredi* (Nos veremos en la sinagoga el viernes).

A pesar de todo lo que nos pasa con Karine, no lo podíamos creer; el nuevo mensaje tenía un significado más íntimo y nos percatamos de que esto fue lo que quiso decirnos con el detalle de la medalla. Desde luego, ese viernes toda la familia estuvo en la sinagoga. Karine estaba presente; lo sabíamos porque nos lo dijo y oramos por ella como nunca.

5
Comunicaciones con Karine en la otra dimensión

Escritura automática e inspirada

En el libro de Corinne Kisacanin, *Dialogue avec les morts*, Maryvonne supo del método de escritura automática, experimentado por la autora para comunicarse con su esposo fallecido, explicando al respecto:

> *Agarraba mi lápiz normalmente y empezaba a trazar círculos y rayas; a veces, en forma muy natural, me salía de la página. Tenía una sensación extraña. Después se formaban letras y luego palabras, perfectamente visibles pero sin separación ni puntuación. Seguía escribiendo sin entender.*[8]

Al principio, lo que se dibuja parece no tener sentido ni significado. El mismo día del primer contacto TCI, obtuvimos los primeros dibujos. No supimos interpretarlos, pero quizá algún día tendremos una explicación.

El 2 de abril de 1996, a los cuatro meses del *envol* de Karine, fuimos a descansar dos días a Taxco, al hotel de Perla Cuevas, a quien desde hace 20 años consideramos parte de la familia y quien adoraba a su «Karineta coqueta», como solía decirle. El resultado de la escritura automática ese día fue la letra K, y el del día siguiente, RIN (en fonética K-RIN = Karine; en francés se

8 Kisacanin, Corinne. (1994). *Dialogues avec les morts*. Ed. Rocher-Age du Verseau. P. 41.

pronuncia Karin). La primera palabra, «Maman», se dibujó el 8 de abril, fecha del cumpleaños de Huguette, a quien confiábamos a Karine cuando iba de vacaciones a Francia. Desde esta fecha, ella está muy atenta de los libros, contactos con asociaciones y otras cosas que podamos necesitar.

Sucesivamente, Maryvonne obtuvo:

12 de abril de 1996:

—*Ne me pleurez* (No me lloren).

14 de abril de 1996:

—*Pas* (la segunda parte de la negación *ne pas*, en francés).

16 de abril de 1996:

—*Je vous aime* (Los quiero) —y— *Elle ne peut venir* (Ella no puede venir).

Karine se refería a la madre de un amigo nuestro, pues Maryvonne había pedido un contacto con ella.

Los mensajes también pueden llegar por escritura inspirada. La diferencia es que, en lugar de sentir el lápiz empujado hasta reproducir una idea, la comunicación es mental y las ideas se transmiten de pensamiento a pensamiento, lo que permite obtener mensajes más largos. Con la escritura inspirada hay que ser muy claros y practicar el discernimiento, pues existe el riesgo de que no todo sea real y una parte puede ser la proyección de nuestra mente; es decir, que los pensamientos de ambos —quien envía y quien recibe el mensaje— se mezclen. Nosotros lo sabemos y lo tomamos en cuenta, pero en ningún momento ponemos en duda la validez de esta técnica, sino que aplicamos nuestro criterio y somos prudentes en cuanto a su interpretación.

Lo repetimos: la clave de la escritura inspirada es el discernimiento.

La mayoría de los mensajes obtenidos con esta técnica son íntimos y personales. Por tal motivo, hemos seleccionado los textos más relevantes, sin incluir el mensaje completo; además, los mensajes que hemos acumulado en varios años bien podrían formar un libro.

Tenemos una libreta con centenas de mensajes de Karine en escritura automática y escritura inspirada. Aquí ofrecemos algunos ejemplos significativos y los lugares en donde Maryvonne logró obtenerlos. En general, Karine nos reconforta y nos asegura que se encuentra bien y viva; nos orienta sobre la filosofía de la vida y nos menciona con cierta reserva algunos aspectos de la transición entre los dos mundos.

20 de abril de 1996:

—*Un bon voyage* (Un buen viaje).

Dos días después me confirmaron una misión profesional en varios países de Sudamérica y América Central.

22 de abril de 1996:

—*Papa je t'attends* (Papá, te espero) —y agrega para Maryvonne—: *Ne pleure pas* (No llores).

Maryvonne se preocupó a tal grado que cayó enferma, pensando que alcanzaré a Karine muy pronto; lo que ella no sabía es que todos los días, al pasar cerca del panteón rumbo al trabajo, le digo a Karine que la quiero y que la alcanzaré.

La respuesta al susto de su mamá llegó a los dos días, el 24 de abril de 1996:

—*J' l' ai pas dit, ne viendra pas maintenant, il n'est pas l'heure.* (No lo dije, no vendrá ahora, no es la hora).

Por razones prácticas, a partir de aquí citaremos los mensajes directamente en español. Procuramos respetar la idea original, aunque en el «más allá» no se utilizan sistemáticamente las reglas gramaticales e incluso se suelen invertir las palabras. Al final de este capítulo, el lector podrá encontrar copias de algunos mensajes originales como ejemplos de la forma en que se desarrollan.

En nuestro caso carecen de puntuación y separación entre palabras; los mensajes se deslizan rápida e incoherentemente, solo se comprenden cuando las frases están terminadas. No se trata de la caligrafía de Karine ni tampoco la de Maryvonne. Tal vez en otros casos sea diferente.

- Viernes 26 de abril de 1996: Maryvonne estaba en mi oficina en México, pues a las 19:00 horas iríamos al oficio en la sinagoga y así yo me evitaría el viaje de Toluca-México-Toluca dos veces el mismo día. Karine nos transmitió un mensaje acerca del próximo viaje a Perú:

  Lima será un punto en donde no será muy fácil, no estaré pero los sigo y los amo a los dos...

- Lunes 29 de abril de 1996, en Santiago de Chile:

  Tengo la misión de vivir ustedes cerca (sic) hay que tener fe no se dejen llevar aunque no me ven, estoy aquí, con ustedes, no me vean muerta, estoy viva nunca lo olviden sigo siendo con ustedes la misma Karine, su hija querida. ¿Entendieron bien este mensaje? La vida y la muerte no se separan, nos veremos pronto del otro lado, la vida es bella...

- Jueves 2 de mayo de 1996, en Buenos Aires, Argentina:

  Estoy en un mundo de bondad tengo la verdadera vida no la veo triste, olviden la muerte, no existe, la vida no es la misma, es la vida. El odio no es bueno, el perdón es bueno.

- Domingo 5 de mayo de 1996, en Lima, Perú: Karine anunció que no estaría, pero una entidad escribe:

  ¿Dónde está?

- Al día siguiente, el 6 de mayo, después de varios dibujos, se recibe una parte del texto al revés, de derecha a izquierda.
- El 7 de mayo de 1996: Hay un mensaje de mi padre para mi madre y mis hermanos:

  Mi querida Fortunée, te amo y estoy bien. Estoy con Karine, no tengas miedo de la muerte, es algo bello y te vendremos a esperar pero todavía no es la hora... hasta pronto te amo a ti mi querida esposa y a todos mis hijos. Su esposo y papá.

Este mensaje fue tan sorprendente que Maryvonne me llamó de inmediato y a la hora de la comida la alcancé en el hotel para comentarlo con ella. Recordé que en otra ocasión, cuando impartía un curso en Lima, un compañero nos explicó que su abuelo se materializaba y él lo podía ver.

- Jueves 9 de mayo de 1996, de regreso a Toluca:

  Ya no los dejaré nunca y estaremos siempre juntos, de una forma u otra la vida se prolonga y seguimos amándonos...

- Viernes 10 de mayo, Día de las Madres: Karine le dio a su mamá un magnífico mensaje de amor y agregó:

  El mundo en donde vivo es a la vez muy parecido y muy diferente. No es fácil explicarlo. Vivimos con normas diferentes, pero pensamos únicamente en hacer el bien para los que se quedaron en la Tierra. Tenemos todos la misma misión que es ayudar. Cada uno necesita saber cosas diferentes, pero seguimos siempre con ustedes. Gracias sobre todo por no haber creído que todo se había acabado. Podremos hacer grandes cosas gracias a su fe y a su amor.

- Martes 14 de mayo de 1996, día de mi cumpleaños: Recibimos un mensaje de los más bonitos que un padre quisiera escuchar de su hija. Reconozco que no me acerqué lo suficiente a ella para ayudarla a expresarlo cuando estaba aquí. Este mensaje es una prueba más de la veracidad de los contactos con el «más allá» y de que nuestros seres queridos viven; demasiado personal para reproducirlo íntegramente, transcribimos su parte final:

> *Es ahora que su fe es necesaria cuando hay que creer en lo increíble. No se sientan mal cuando no funciona. Encontrarán muchos incrédulos que siempre tendrán un buen pretexto para no creer, aun con las evidencias delante de sus ojos. Es normal, así está hecha la vida terrestre. Los seres piensan que su vida es más importante y pasan por un lado de lo que es la verdadera vida, pero lo descubrirán, de todos modos, el día en que dejen este mundo egoísta para alcanzarnos. Los que creyeron se van a sentir bien y los que no creyeron se arrepentirán; se trata nada más de convencer a un mundo de incrédulos de la eternidad de la vida.*

- Sábado 18 de mayo de 1996, en el aeropuerto de Bogotá, Colombia: Tuvimos un retraso de varias horas y Maryvonne decidió aislarse un poco y cuestionar a Karine:

> *No te puedo decir lo que va a suceder pero deben tener mucha paciencia, el avión no está listo. Es posible que los cambien de vuelo y que este se cancele. No se preocupen pero paciencia, paciencia y paciencia...*

Todo lo anunciado por Karine resultó cierto. Hubo un cambio de vuelo para la mitad de los pasajeros y finalmente salimos con siete horas de retraso.

- Jueves 23 de mayo de 1996, en Caracas, Venezuela: Obtuvimos un mensaje de mi padre para la familia, que aún no había entregado el mensaje precedente a mi madre; en términos moderados reclamaba el escepticismo de mis hermanos, pero todo se arregló a raíz de este último mensaje.

- Domingo 2 de junio de 1996, en San José, Costa Rica: Se cumplían seis meses de que Karine se fue hacia la vida eterna y nos dejó un mensaje muy especial y emotivo:

Piensen que estoy bien en este mundo y en esta vida es lo que cuenta. Sé que son capaces de entender ahora y es a ustedes mismos que lo deben, gracias a su fe y su voluntad, sobre todo su amor y su valor. Vamos a seguir siendo una familia y haremos muchas cosas juntos. No le tengan tanto interés al cuerpo físico, no estoy en el panteón, estoy mucho más cerca de ustedes. Estoy orgullosa de ustedes y de su valentía. Están sobre el camino de la verdad y de la verdadera vida, gracias por amarme como me aman, se los devuelvo y lo devolveré cada vez más. Hay una potencia superior que nos guía. Nuestra relación es algo maravilloso que poca gente tiene y puede entender...

- Lunes 3 de junio de 1996, en San José, Costa Rica:

El día de ayer recibieron una emoción fuerte, pero la superaron; no hay que pensar en mi edad, mi vida en esta tierra fue corta, pero gracias a ustedes tuve todo y ahora tengo otra vida que es la vida real para la cual cada uno debería prepararse en la tierra. Normalmente es el propósito de nuestra estancia en la tierra, pero poca gente lo sabe. El destino existe, es algo que viene en nosotros junto con la vida, nadie lo puede conocer sobre la tierra. Esta potencia superior que podemos llamar Dios nos pone y nos quita cuando es el momento. Parece injusto para la familia, pero si las personas estuvieran preparadas para lo que sigue, las penas serían menos importantes; pero, ¿qué religión va a aceptar decir las cosas como son? Muchas personas lo saben, pero no conviene a todo el mundo que se sepa que la vida sigue más bella aún, es una revolución en los pensamientos del mundo terrestre; pero poco a poco, con ayuda de personas como ustedes, lograremos que personalidades importantes se interesen en ellos. Tenemos todo el tiempo, nunca daremos pruebas materiales para que nos crean, pero haremos que la fe se consolide...

- Martes 4 de junio de 1996, en San José, Costa Rica: A Maryvonne le llevó más de dos horas escribir el mensaje, pero podía leerse:

  Karine vino a buscarme; hasta pronto. Mamá.

Maryvonne sintió que era su madre, muy enferma desde hacía meses, quien estaba con Karine. Me pidió llamar a su casa en Francia; lo hice y mi suegro me confirmó que su esposa estaba hospitalizada desde hacía varios días, que pesaba 30 kilos y que esperaban la noticia de su fallecimiento de un momento a otro. Avisé a Maryvonne, quien esperaba noticias en el hotel. A la semana, suponemos que con la ayuda de Karine, mi suegra había recuperado ocho kilos (lo que es inexplicable aun con suero) y pudo regresar a su casa, delicada pero viva.

- Domingo 9 de junio de 1996, en Guatemala:

  No queremos convencer a las personas a toda fuerza, sino darles una opción para facilitarles la vida; acepten o no, es su problema. A pesar de lo que decimos, habrá gente que rechazará siempre esta realidad aunque pase por grandes penas.

- Miércoles 12 de junio de 1996, en Toluca: Se inició una serie de mensajes informativos de mucha importancia, en respuesta a nuestras preguntas o dudas.

  Si quieren, vamos a hablar un poco de la vida. Ya no necesitamos lo que teníamos en la tierra. Recibimos ayuda desde nuestra llegada y, cuando estamos preparados y adaptados, tenemos la posibilidad de escoger lo que queremos hacer. No fue mi abuelo quien me acogió. Mi desprendimiento fue demasiado brusco, pero sí lo encontré rápido. La persona que vino por mí es una desconocida, pero ella escogió esta misión. No fue muy difícil entender qué había sucedido pues me acordaba de todo antes y después. Lo más difícil es ver sufrir a la familia. Algunos aceptan fácilmente lo que les ha sucedido, pues los que nos ayudan nos hacen ver que es irreversible; pensé muy rápido que los podía ayudar, a pesar de su profundo dolor no podía dar marcha atrás; en este caso lo mejor es aceptar y aprender rápidamente cómo ayudarlos. Ahora es una de mis misiones: darles consuelo y ayudarlos a encontrar los elementos que les servirán a ustedes y a la humanidad. Los admiro por su reacción; nunca perdieron la fe y su amor hacia mí. Nos gustaría que muchos padres o familiares reaccionen como ustedes, porque aquí hay muchos seres que sufren al ver el dolor de su familia. Ellos mandan mensajes también, pero no son percibidos a causa del dolor y de la falta de fe en la vida eterna...

Cabe señalar que en el libro *La muerte: un amanecer*, E. Kübler-Ross hace una descripción similar en el caso de la muerte física.

En general los espera una persona muy querida; es ella a quien encuentran en primer lugar.[9]

- Jueves 13 de junio de 1996:

Pronto vivirán conmigo sintiendo que estoy siempre a su lado. Ya les dije que estoy viva y mi vida es aquí. Estamos casi todos felices; digo casi por los que reciben únicamente lágrimas, los que son olvidados y sobre todo los que deben vivir con el arrepentimiento. No se preocupen, soy feliz, el mundo está tan bien hecho que poco a poco todo el mundo será feliz; pero será más o menos largo, según lo que uno hizo sobre la tierra. Algunos rechazan la ayuda pero algún día lo lograrán también. No quiero que me pregunten más sobre el accidente; no es lo más importante para mí...

- Sábado 15 de junio de 1996:

No traten de saber antes de que yo se los diga. Es importante para ustedes pero no para mí. Les puedo decir que me desplazo sin problemas; hasta puedo estar en varios lugares al mismo tiempo, pero claro, todo es a través del

9 Kübler-Ross, Elisabeth. *Op. Cit.* P. 32

pensamiento. El tiempo y el espacio no cuentan. La duda y el rechazo no me permiten manifestarme. Si reciben tantas pruebas es gracias a su fe y a su mente abierta. Aquí estamos libres y cada uno escoge lo que quiere hacer. Es un lugar difícil de describir pero somos muy felices, existe mucha paz y mucho amor. Nos comunicamos por el pensamiento. Basta pensar en alguien para poder verlo y hablarle, es el pensamiento que nos lleva uno hacia el otro; tenemos muchos poderes pero no debemos desperdiciarlos, se deben utilizar para cosas importantes. Los podría curar de sus pequeñas enfermedades pero no estaría bien, pero sí podemos intervenir en casos de dolor extremo. Aquí la vida no nos permite llorar, a veces nos ponemos tristes al verlos llorar pero no dura...

- Domingo 16 de junio de 1996, Día del Padre: Recibí un mensaje todavía más extraordinario que el de mi cumpleaños. Aunque no debemos llorar porque eso afecta a nuestros seres queridos, ese día lloré mucho. ¡Cómo amo a mi Karine querida!

- Lunes 17 de junio de 1996:

  Como escuchaste en la grabación, aquí tenemos animales. Al igual que nosotros, vienen aquí cuando su vida se acaba y son felices. Estoy muy contenta de haber amado a los animales y de que tú los ames también, pues lo necesitan tanto como los seres humanos. Es triste ver cómo los maltratan cuando ellos no piden más que cariño. No son exigentes y deberíamos interesarnos más en ellos...

Después de una semana sin noticias de Karine, pero sí de otras entidades que nos pedían tener paciencia, ella regresó.

- Domingo 23 de junio de 1996:

  No hice nada especial pero estaba muy ocupada; no olviden que el tiempo no cuenta aunque me ausente más. Aquí tenemos todas las especies de animales y todos viven en armonía. No existen pleitos, todos viven en paz. Ya sé que deben irse, no soy nadie para impedirles ir (se refiere a nuestra visita al panteón, unas horas después), pero traten de ir menos seguido...

El padre François Brune nos confirmó lo que Karine dijo sobre los cementerios:

Todos los panteones están vacíos. Nunca lo repetiremos suficientemente. De una manera más precisa, las tumbas no contienen más que trapos viejos en descomposición, viejas vestimentas de tela y viejas vestimentas de carne. Infinitamente respetables, sin duda alguna, ya que fueron las últimas vestimentas de los que queremos. Pero ellos están en otra parte. Debajo de esas piedras no yace nadie, no descansa nadie.[10]

La célebre frase Requiescat in pace (Descanse en paz), según el mismo Brune:

Es un cambio de sentido debido a una traducción demasiado literal, primero del griego (Eirene), después del latín (Pax) y finalmente del francés (Paix) que viene del hebreo Shalom, cuyo sentido es mucho más rico. Es la paz, pero también la alegría, la plenitud de la vida. En muchas religiones, los ritos que supuestamente aseguraban el descanso de los muertos buscan, más que nada, tranquilizar a los vivos, que tenían mucho miedo de ver regresar a sus difuntos en forma de fantasmas insatisfechos.[11]

- Lunes 24 de junio de 1996:

Por la familia es diferente; no vivimos juntos. Nos podemos ver cuando queremos, pero cada uno vive con los que le son más afines. Mi abuelo volvió a encontrar a su familia y está feliz, ¡tiene el mismo carácter! Discute mucho y hace bromas, pero los malos aspectos de su carácter ya no existen; a veces

---

10 Brune, François. *Op. Cit.* P. 83

11 *Ídem.*

se enoja pero no dura. Estamos aquí repartidos en varios niveles; vivo con un grupo de jóvenes afines, no hay pleitos pero como conservamos nuestro carácter, es lógico que nos llevemos mejor con unos que con otros. Podemos decir que tenemos casas, pero no se pueden describir con sus palabras. Existen almas que llegan y escogen descansar. No es mi caso; hay tantas cosas por aprender y por hacer, lo que no me impide estar con ustedes. Los colores son maravillosos y el blanco es el que predomina. No olviden que las descripciones que reciben son para que puedan entender y tengan una idea más cercana a la realidad, pero son mundos diferentes y a la vez tan idénticos...

- Jueves 27 de junio de 1996: Estuvimos en el Ministerio Público, sufriendo por la forma en que se manejó el proceso. Karine nos dijo:

  Acaban de pasar un día difícil, pero no pueden hacer nada; te prometí en un sueño que habrá justicia y habrá justicia...

- Viernes 28 de junio de 1996:

  Aquí, no todos se regeneran en el mismo tiempo. Para algunos es más rápido y para otros puede tardar meses y hasta años; todo depende de su enfermedad y sobre todo de su conciencia. La enfermedad se cura rápido, pero lo demás es más penoso y más largo; los que no están enfermos solo tienen su juicio por lo que hicieron en la tierra. Para los que tenían fe y se portaron bien, las primeras etapas son muy rápidas; como ven, lo que no se paga en la tierra se tendrá que pagar aquí, nada se queda en el olvido.

- Domingo 30 de junio de 1996: Karine transmitió un mensaje para el conductor del vehículo con quien tuvo el accidente; le suplicaba explicar lo que pasó para evitarnos sufrir más. Leí por teléfono el texto al interesado.

- Viernes 5 de julio de 1996:

  Tengo una vida agradable y puedo estudiar lo que quiero. Siempre estamos ocupados, pero como el tiempo no existe no nos damos cuenta; sin embargo, tenemos conciencia de su tiempo, así como de todos sus pensamientos y es por eso que a veces logramos intervenir pero sin abuso, sobre todo cuando las familias ya entendieron...

- Lunes 8 de julio de 1996:

No puedo hablar mucho sobre la reencarnación por el momento; es un tema muy complejo, hasta para nosotros. El hecho de regresar a la vida terrestre no se da a todo el mundo, no pienso que sea un regalo, pero sí sucede; nunca una relación de amor se pierde. El agua es importante para nosotros, es una fuente de energía; tenemos ríos y montañas no muy altas, tenemos valles y colinas en donde las almas pueden pasear y disfrutar, no existen ruidos aparte de los de la naturaleza; hay flores y plantas pero no se cortan. En nuestro concepto no dormimos pero sí descansamos y nos relajamos, el cansancio no existe; hay tantas cosas por aprender. Mi abuelo sigue jugando «aux boules». Está con su familia y muchas otras personas; él quisiera que vaya a conocer a todos sus amigos, pero tenemos vidas diferentes; él escogió la tranquilidad y yo la ocupación... No, mamá, si nunca viste a Dios sobre la tierra, tampoco lo verás aquí; creemos y punto. Todas las almas viven con el amor de Dios, pero al inicio todos siguen sus costumbres religiosas. Aprendemos cómo manejar nuestra vida sin tiempo, sin espacio; a desplazarnos, ver, escuchar, manifestarnos; no crean que es fácil, pero se aprende rápido.

- Miércoles 10 de julio de 1996:

Lo más importante es que sepan que estoy bien, viva y feliz; el destino se tiene que cumplir de alguna forma y estaba escrito que así sería. No sufrí y aquí puedo hacer tantas cosas que no hubiera podido hacer sobre la tierra...

- Martes 16 de julio de 1996:

No olviden que poco a poco estaré menos con ustedes por escritura, lo que no quiere decir que no los vigilo, pero así es la regla. Lo importante de lo que hacen es que siembran semillas. No se preocupen si las personas creen o no, la semilla está sembrada y cada uno tiene el libre albedrío para que esta semilla crezca o no. Ustedes sigan así; la vida aquí es un poco complicada, tenemos varios niveles y no puedo conocer los niveles superiores antes de ascender por mí misma, esto quiere decir que va junto con mi elevación espiritual. No sé si las almas desaparecen algún día totalmente, pero no me parece lógico. Siempre estuve en contra del aborto y esto se confirma aquí; la vida empieza el día de la concepción y no con el nacimiento. El aborto es un crimen que se tendrá que pagar. Estos bebés siguen su crecimiento y luego buscan una familia de adopción para crecer normalmente; van a la escuela pero se desarrollan en forma distinta por la diferencia del tiempo, son felices, juegan y cantan. No tengo una misión fija, pero es posible que me dedique a los niños. Tratamos de preparar a las personas para su vida aquí, que será su verdadera vida, pero hay tantos puntos negativos sobre la tierra. Cada quien piensa en su vida terrestre como si fuera lo único importante, pero ayudaría un poco más de vida espiritual. Todas las religiones son buenas, pues tienen el mérito de tratar de mantener al hombre en un camino recto; lástima que no quieren hablar más abiertamente de nuestra existencia, ayudaría mucho...

- Sábado 20 de julio de 1996, en París:

  Nadie puede decir que nunca tuvo manifestaciones; lo que pasa es que la falta de fe hace que no vean, ni sientan, o que rechacen. No olviden nunca repetir a las personas que estamos vivos en otra dimensión, estamos en la verdadera vida...

De París volamos a Caracas, Venezuela; Maryvonne sintió su presencia y hasta la acompañó y la orientó en sus compras.

- Viernes 9 de agosto de 1996, en Toluca: Maryvonne tuvo un nuevo mensaje de mi padre dirigido a toda la familia.

- Martes 20 de agosto de 1996: Recibimos un largo y maravilloso mensaje referente a la otra dimensión:

  Mamá querida, les voy a hacer un resumen de lo que sucede desde que dejamos la vida terrestre y parte de lo que hacemos aquí. Solo les puedo decir lo que sé o lo que creo saber. Me puedo equivocar también, ya que únicamente en los niveles muy altos tienen el saber. Hay que hacer una diferencia entre las formas de partir. Por una parte, las enfermedades o muertes naturales, cualquiera que sea la edad, y por otra, las muertes bruscas como los accidentes y los asesinatos; y todavía quedan aparte los suicidios. El hecho de fallecer no hace perder la conciencia, de ahí el dolor que tienen los que ven a su familia sufrir, llorar. Y todo sucede porque la gente no sabe o no cree en la vida después de la vida. Deberían de alegrarse porque sus seres queridos alcanzaron la vida eterna. No deben ser egoístas y pensar en la pérdida de sus seres; si estamos vivos y más felices, ¿por qué lloran? Por egoísmo, porque no ven el bien de nosotros sino por la falta que les hacemos a ellos.

  El que llega aquí en edad avanzada, por enfermedad o muerte natural, es siempre recibido por alguien de su familia que vigiló sus últimos instantes. Es muy común que estas personas perciban en su cuarto la presencia de ellos cerca de su cama; en el momento del último suspiro están bien por lo que vieron y vienen aquí con toda tranquilidad. Las explicaciones sobre lo que se ve son variables, pero en general tienen una sensación de que todo gira y ven una bella luz, que brilla sin deslumbrar; al final estas personas nunca tienen miedo porque están con sus familiares, pero como siguen teniendo conciencia flaquean frente al dolor de los que se quedan; el tener pena y dolor es normal, pero no en exceso. Al contrario, hay que desearles un buen camino y mandarlos hacia la luz.

  Los fallecimientos por accidente o asesinato son diferentes porque uno se encuentra proyectado del otro lado sin entender lo que ha sucedido. Los familiares no pueden venir por la violencia de la separación, pero vienen almas dedicadas a esto, que escogieron esta misión. Es más difícil que pasar de la otra manera porque no entendemos lo que ha sucedido; seguimos vivos, oímos, vemos y no entendemos por qué las personas gritan o lloran. No todos aceptan tan fácilmente seguir a su guía hasta el «más allá». Es una reacción lógica. Ahí hay dos soluciones: aceptar las explicaciones de nuestro guía, pues no hay marcha atrás posible, o rebelarse y quedarse entre las dos vidas. Esto provoca confusión en las personas que reciben manifestaciones de almas que no se fueron hacia la luz y que no tienen paz. No se debe confundir con las manifestaciones que provocamos después de algunas semanas; estas son reales y buenas. A las almas perturbadas hay que orarles pidiéndoles que acepten irse hacia la luz; decirles que se les ama y que van hacia un lugar maravilloso. En general, es terrible que se nos ignore o que se desee que descansemos en paz. No queremos descansar en paz, queremos que todo el mundo sepa que estamos vivos; en otra dimensión, pero vivos. Que tengamos paz es otra cosa. Las almas casi siempre terminan aceptando y se encuentran con sus familiares, excepto una minoría que sigue apegada a la tierra y luego se junta por afinidad.

Para el suicidio es diferente: el que se retiró de la vida que Dios le ha dado sufre por su gesto; aunque también hay diferencias entre el suicidio por enfermedad y el suicidio voluntario. En fin, cada fallecimiento es un caso diferente. Lo que hay que saber es que todos los que llegan aquí ven desfilar su vida y se autocastigan en función de lo que hicieron en la tierra. La mayoría llega a un nivel medio, pero los demás deben pagar por los actos malos. Siempre hay un guía para ayudarnos a mejorar y pasar al nivel superior. Lo que deben saber es que seguimos vivos y, por lo tanto, vemos, oímos y sentimos todo lo que hacen y dicen. Estamos presentes en todo momento.

- Jueves 22 de agosto de 1996, en San Salvador, El Salvador:

  En cuanto llegamos aquí, normalmente nos encontramos con la familia, pero si no tenemos no nos quedamos solos; siempre hay otras almas que se dedican a recibir a los abandonados. La llegada aquí es emocionante, pues la mayoría no conoce nada; no sabemos cómo movernos ni utilizar nuestros poderes. Todos tenemos que pasar por periodos de aprendizaje más o menos largos; además, nos curan física y psicológicamente. Las personas mayores se regeneran. Nadie se queda con enfermedad, heridas o problemas. Todo se tiene que resolver o componer y también hay almas que se dedican a eso; por lo general, cada una tiene su misión. Todo esto tarda alrededor de dos meses, casi nunca es menos, pero sí puede ser más cuando es necesario. Nos movemos de un lado a otro del mundo en una fracción de segundo y podemos estar en varias partes al mismo tiempo. Pero siempre tenemos un guía que nos ayuda. Nos comunicamos por telepatía, tanto entre nosotros como con ustedes. Nos enseñan a utilizar nuestras facultades en los límites permitidos y nos explican cómo se ve en este mundo. Se puede escoger con quién vivir. Aquí el tiempo no cuenta y aprendemos lo que nunca hubiéramos podido aprender en la tierra. Los investigadores y los sabios, después de su periodo de regeneración, vuelven a sus estudios y es gracias a ellos que las comunicaciones son posibles más fácilmente que antes. Muy pronto nos podremos hablar y ver todos. Nos manifestamos de alguna forma con nuestros familiares para demostrar que estamos aquí y vivos, pero la mayoría de las personas ignoran o rechazan estas manifestaciones. Prefieren pensar que después de la muerte no hay nada, pues el hecho de creer en nuestra existencia implica un cambio de actitud en la vida y en las ideas, y esto molesta. Poco a poco todo el mundo lo sabrá; es nuestro propósito y la misión principal de todos.

- Sábado 24 de agosto de 1996, en San Salvador, El Salvador:

  Deben saber que somos energía y, cuando nos sienten, es un poco como si se acercaran a un campo magnético. Algo va a suceder en la tierra pero no sé cuándo ni cómo. No tengan pánico, no puede ser más que algo bueno. La base de todo es la creencia en Dios y en la vida eterna. Hay que repetir que la vida sobre la tierra es una estancia corta, obligatoria, para seguir hacia la verdadera vida. La muerte no existe; se trata solamente de un cambio de estado. No estamos muertos, estamos vivos y queremos que todos lo sepan. Siempre es tiempo de acordarse de un ser querido desaparecido; siempre es tiempo de ser menos materialista y un poco más espiritual.

- Viernes 30 de agosto de 1996, de regreso a México. Un alma se metió en el canal y escribió en español:

  Vimos a la niña.

- Martes 3 de septiembre de 1996, en Lima, Perú. Una frase se escribió de derecha a izquierda; se puede leer en un espejo (ver copia al final del capítulo):

  Amor, amor, están en el buen camino, los queremos.

- Miércoles 4 de septiembre de 1996.

  No viví mi vida en la tierra, pero la estoy viviendo aquí y es lo más importante. La ausencia física no cuenta. Es egoísta querer mantener a la fuerza a una persona junto, si aquí es la vida y aquí estamos bien, vivos y felices. Estas personas van en contra de las reglas que Dios creó. Existen personas que siguen bordando y tejiendo y son obras maravillosas.

- Jueves 19 de septiembre de 1996, de regreso a casa. El texto original ya estaba escrito en español:

  La niña no está, está muy ocupada, regresará pronto.

- Miércoles 2 de octubre de 1996:

  No sé todavía mucho sobre la reencarnación, pero lo que sé es que los que regresan no se acuerdan de su vida anterior y escogieron la vida que tienen, así como su familia, para poder cumplir con algo que les faltó.

- Domingo 13 de octubre de 1996. Una entidad desconocida dejó un bonito e increíble mensaje:

  Mi querida Maryvonne:

  Los admiro por su coraje; ustedes han pasado por el momento más penoso: la desaparición de un hijo. Han sabido reaccionar desde el inicio y les fue benéfico. Están viviendo sus últimos momentos de grandes penas. Sean fuertes, oramos todos por ustedes y los amamos. El trabajo que hacen es magnífico, no lloren más y no tengan más pendientes por ella. Está feliz en esta vida y somos numerosos para darle ayuda. Ella era la vida misma y piensen que quizá por este motivo tenía que venir aquí. Ella no estaba hecha para recibir sufrimientos. Estamos felices de tenerla con nosotros aunque les haya provocado momentos difíciles. Nosotros hacemos una cadena para ayudarlos a enfrentar estos momentos. Después lo podrán hacer solos. Una vez empezadas las conferencias, se sentirán todavía mejor. Encárguense mucho de ella, pero viviendo su vida normal; tenemos todo el tiempo y Karine aún más, ya que llegó aquí muy joven. Ella está muy ocupada porque así es su deseo. Todavía tiene algunos momentos de tristeza porque los ha dejado y ella resiente todos los tipos de sufrimiento, aun los más escondidos internamente, pero su alegría regresa pronto porque ve todos los progresos que hacen. Está igual de sonriente que sobre la foto a su derecha, pero mucho más bella. Ella alcanzó la belleza de este mundo y que nadie puede tener sobre la tierra. Tiene la belleza y la bondad del corazón, del alma y del espíritu, y eso no puede suceder más que aquí. Yo estoy muy orgullosa de ella, así como todos los que la conocemos. Les mando todo nuestro amor y nuestra paz para que sigan su camino. Les hablo en nombre de numerosas personas que los conocían o no. No sean perplejos. Tendrán más mensajes interesantes en el tiempo. Los queremos y les deseamos mucho valor. Karine estará siempre cerca de ustedes y nosotros también. Tratamos de protegerlos lo más posible de los golpes de la vida, ya recibieron lo suficiente. Les deseamos lo mejor posible. Un grupo de amigos de su familia completa, con Karine y ustedes. Gracias de nuevo por todo lo que hacen en la tierra por nosotros y que nos ayudará aquí. Hasta pronto, pero no pidan nada. Una amiga que los quiere al igual que todos los de aquí, a quien Karine ha contado su vida desde su salida.

Felicitaciones.

C.

Viernes 25 de octubre de 1996, en Puerto Vallarta, México, durante la convención anual de la empresa:

Están en un periodo de grandes descubrimientos; en muy poco tiempo van a aprender mucho más de lo que aprendieron en varios meses.

Lunes 20 de enero de 1997, en Toluca. Karine nos había avisado: tendríamos cada vez menos mensajes. Sin embargo, alguien escribió:

Gracias.

Domingo 26 de enero de 1997. De nuevo nos visitó una entidad desconocida que escribió:

Ellos viven.

Jueves 10 de abril de 1997:

Hace mucho tiempo que no escribíamos, pero, sin embargo, estoy y estaré siempre con ustedes. Al inicio no se podía escribir más que palabras o frases cortas porque necesitabas mucho tiempo para escribirlas, pero ahora podríamos escribir varias páginas en este tiempo. La telepatía funciona cada vez mejor. Les he dicho al inicio algo de lo más importante a todos: nos manda una fuerza superior que pueden llamar Dios. Eso es lo más importante. Mi salida de su mundo los acercó más a Dios; cada uno tiene a Dios en la religión que escogió o que tiene, y cada uno lo encuentra si actúa con fe. El más allá no pertenece más a una religión que a otra, sino a todos los que creen en Dios. No se puede dejar de un lado a un ser que cree en forma diferente si el propósito final es idéntico: alcanzar la perfección en el amor de Dios. ¿Cuántos seres se quedarían en la oscuridad si existiera una sola religión? Los contactos con el más allá tampoco son privilegio de una religión. Estamos aquí todos juntos y no nos parece extraño que se ore en forma diferente. La oración es muy importante para nosotros sin considerar el origen religioso. Es la oración en sí la que nos ayuda a elevarnos y, más que los rezos escritos, los que salen de lo más profundo del corazón, sin preparación. Deben dejar que sus corazones hablen más seguido; son estos rezos los más eficientes. No olviden orar también por los que se quedan en la oscuridad, lo necesitan mucho.

Aunque cada vez es menos frecuente el contacto por escritura, Maryvonne está logrando contactos mentales directos; así, el 12 de abril, cuando poníamos flores al árbol donde chocó el auto y orábamos como cada sábado, Karine le dijo que ese lugar era importante para ella porque ahí alcanzó la verdadera vida. También le dijo que el día 2 de diciembre era su nueva fecha de nacimiento y que el día que podamos festejar esa fecha ya estaremos perfectamente encarrilados con la espiritualidad.

Terminamos este capítulo citando a Hildegard Schaefer, quien en su libro *Théorie et Pratique de la Transcommunication* describe el otro mundo de la siguiente manera:

Algunos ejemplos de los mensajes recibidos por el alemán Hans Otto König por medio de un generador de ultrasonidos que inventó en los años ochenta:

- Existen siete etapas de desarrollo.
- Cada una de estas etapas conlleva a un nuevo nacimiento que ustedes llaman muerte terrestre.
- Aquí no hay el problema del idioma.
- Al inicio cada hombre se lleva consigo sus necesidades, que se van eliminando con el tiempo.
- Para cualquier vida, el día de la muerte está predeterminado.
- Consideren que tenemos un mundo similar al suyo, pero con referencias materiales diferentes.
- Para nosotros no hay tiempo.
- Su comportamiento hacia los animales tiene incidencia al nivel de su karma.
- Cada uno tiene a Dios en sí mismo. Es una fuerza de amor.
- Hay muchos hombres aquí que quisieran entrar en contacto con ustedes.
- Aquí se encuentran muchos niños que mandan saludos a sus familiares. Están felices.
- Ayúdennos a dar a conocer que existe una vida después de la muerte.
- Conocemos todos sus pensamientos.
- Hay vida sobre otros planetas, en otros sistemas solares.
- Numerosos hombres de otros planetas están ahora con nosotros.

- El espíritu triunfa sobre la materia.
- A los hombres les falta clarividencia.
- Deben aprender que la vida no se puede apagar.
- El amor es la fuerza suprema. Es lo más poderoso de todo en el mundo.
- Una lesión recibida por el cuerpo material no tiene consecuencia sobre el cuerpo astral.[12]

Con base en la información recibida de la entidad Swejen Salter, encargada de la TCI en el más allá, Maggy y Jules Harsch-Fischbach nos hablan del otro mundo:

- Nunca es totalmente de noche.
- La tercera esfera se llama Marduk.
- Hay solo un gran río, el río de la eternidad.
- Animales: Más o menos 2,300,000 especies.
- Hombres: 60,000 millones, provenientes de todos los planetas existentes.
- Edad promedio: 25 a 30 años.
- Los niños continúan su crecimiento hasta la edad promedio; los ancianos rejuvenecen después de un sueño regenerador.
- Estaciones de Transcomunicaciones existentes.

Maggy y Jules Harsch-Fischbach son considerados en su laboratorio de Luxemburgo (CETL) dos de los más grandes transcomunicadores del mundo.

---

12 Schafer, Hildegard. (1989). *Théorie et Practique de la Transcomunication*, Ed. Robert Laffont. Pp. 114, 126- 129 y 301-303.

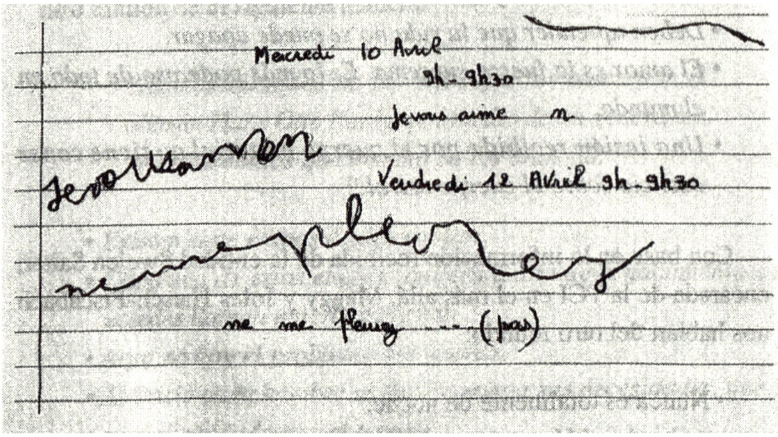

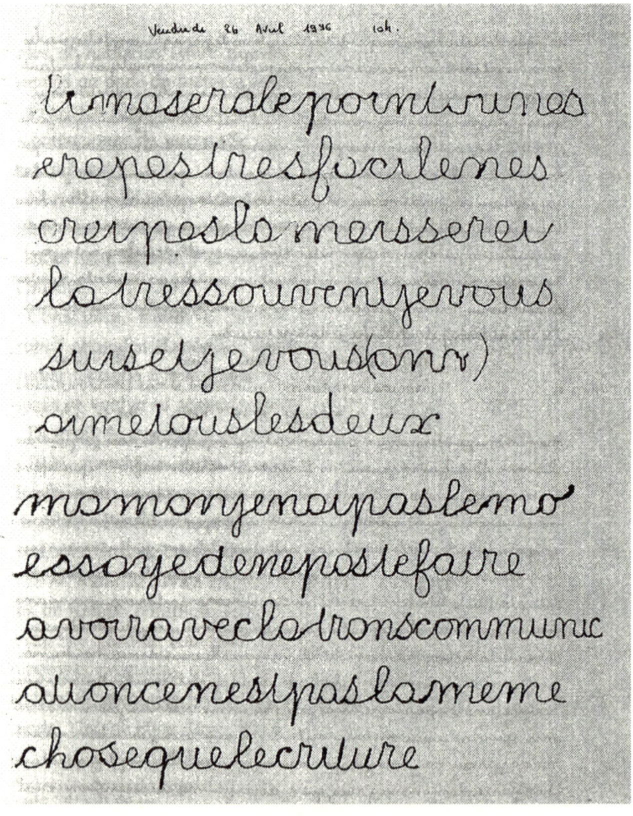

Escritura automática

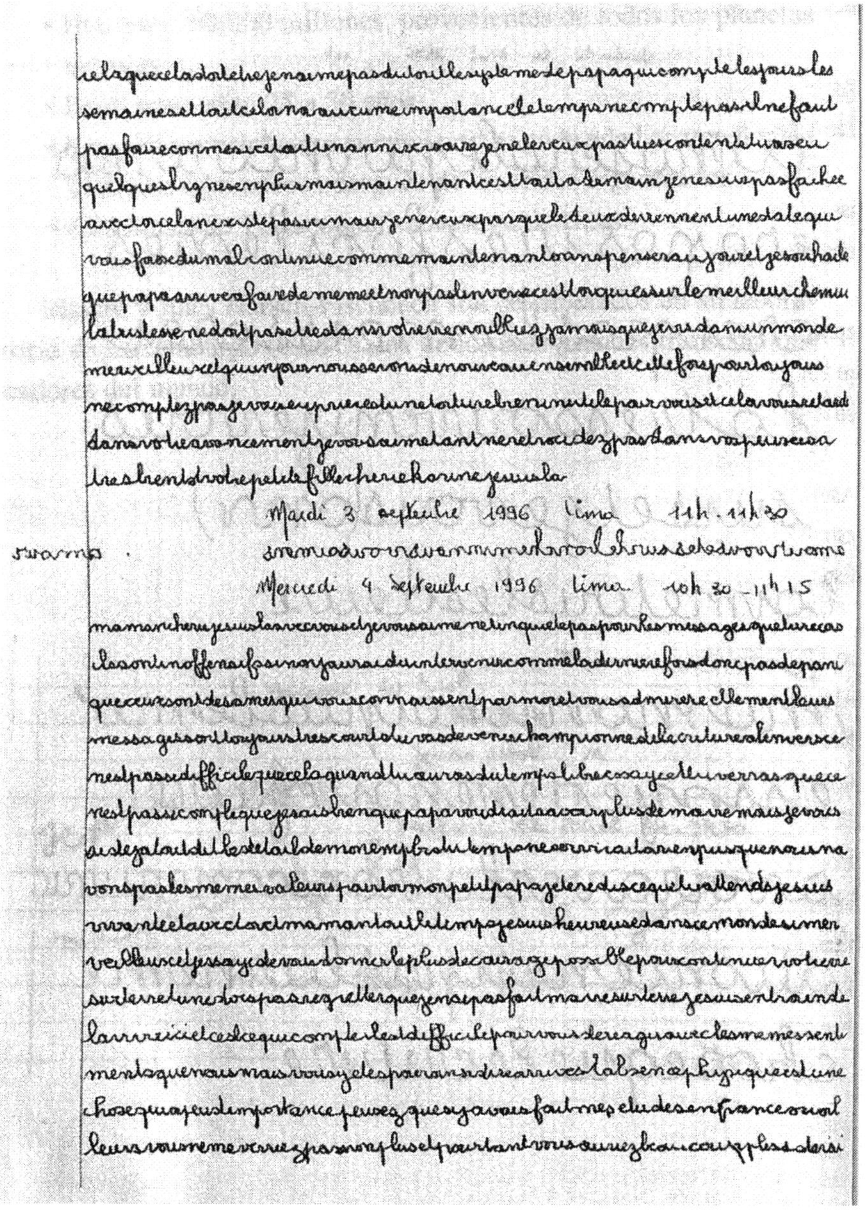

ielaquecelastotelrejenaimepasdutoutlesystemedepapaquicomptelesjoursles
semainesettoutcelanaaucuneimportanceletempsnecomptepasilnefaut
pasfairecommesicelaetaitunanniversairejeneleveuxpastuescontentetuasecrit
quelqueslignesenplusmaismaintenantcesttoutalamainjenesuispasfachee
avectoicelanexistepasicimaisjeneveuxpasqueledeuxdeviennentunestalequi
vousfassedumalcontinuecommemaintenantoanapenseraujouretjesouhaite
quepapaarriveafairedememeetnonpaslinversecestlonguessurlemeilleurchemin
latristessenedoitpasetredansvotrevienoubliezjamaisquejesuisdansunmonde
merveilleuxetquunjournousseronsdenouveauensembleetcettefoispourtoujours
necomptezpasjevaisesperercestunetorturebieninutilepourvousetcelavousretarde
dansvotreavancementjevousaimetantneretirezpasdansvospenseesa
tresbientotvotrepetitefillechereKarinejesuisla

Mardi 3 septembre 1996 Lima 11h - 11h30

swarna . snemiaswonaswanmamehurolehnsaselesvonsswamo

Mercredi 4 Septembre 1996 Lima 10h30 - 11h15

mamanchereijesuislaavecvousetjevousaimeneteinquietepaspourlesmessagesquetureçois
ilssontinoffensifsnonjauraidouintervenircommeladernierefoisdoncpasdepani
queceuxsontdesamesquivousconnaissentparmoietvousadmirentreellementleurs
messagessonttoujourstrescourtstuvasdevenirchampionnedelecritureàlenversce
nestpassidifficilequecelaquandtuaurasdutempslibreessayeettuverrasquece
nestpassicompliquejesaisbienquepapavoudraitavoirplusdemaviemaisjevous
aidejatoutdelestdetailsdemonemploidutempsnecorrespondaitpasvupuisquenousna
vonspaslesmemesvaleurspourtoimonpetitpapajeteredisceque tuattendsjesuis
vivanteetavectoietmamantoutletempsjesuisheureusedanscemondesimer
veilleuxetjessayedevousdonnerleplusdecouragepossiblepourcontinuervotrevie
surterreetunedoispasregretterquejenaipasfaitmaviesurterrejesuisentraindede
laviviceicietcestcequicompteilestdifficilepourvousdereagiraveclesmemessenti
mentsquenousmaisvoussavezlespiresdesarriveeslabsencephysiqueestune
chosequiaeustimportancepouvezquesijavaisfaitmesetudesenfranceouail
leursvousnemeverrezpasnonplusetpourtantvousaurezbeaucoupplusdesoucis

Transcomunicación Instrumental (TCI)

Antes de hablarles sobre nuestra experiencia personal al respecto, haremos un poco de historia sobre la TCI:

Friedrich Jürgenson es considerado como el padre, el ancestro, de las grabaciones de voces. Se calificaba él mismo como «héroe de la inmortalidad».[13] Nació el 8 de febrero de 1903. Hijo de un ginecólogo de Odesa, aprende tres idiomas desde su infancia, pues en la casa de sus papás se habla ruso, alemán y el idioma de Estonia.[14] Su vida se desarrolla en Suecia.

Constantin Raudive nació el 30 de abril de 1909 en Asūne (Letonia). Dejó su país a los veintidós años para estudiar Filosofía e Historia de la Literatura en París y en Salamanca. España se vuelve su segunda patria.[15] Después de regresar a su país, se casa, pero se ve obligado a huir en 1944, cuando los rusos invaden Letonia. Va de un lado a otro en Alemania con su esposa, discapacitada por la poliomielitis. Conocen el hambre, el sufrimiento, la soledad. Curiosamente ellos también se instalan en Suecia, como Jürgenson. De 1946 hasta su fallecimiento en 1974, Raudive vivirá en Alemania y dedicará diez años a los estudios de tiempo completo sobre fenómenos de voces paranormales.

Desde su partida, Raudive contestó sobre cintas magnéticas a numerosas preguntas que se le hacían; también tenemos una gran cantidad de mensajes provenientes de él sobre la vida después de la muerte. Uno de ellos dice: «Mi vida es tan bella».[16]

A partir de febrero de 1996, con mucha fe y mucho amor, Maryvonne trató durante mes y medio de comunicarse con

---

13 Schafer, Hildegard. *Op. Cit.*

14 *Ídem*

15 *Ídem*

16 *Ídem*. P. 35

Karine por los medios electrónicos que habíamos adquirido: una grabadora, un micrófono y un amplificador. Utilizó el método de Sarah Estep que encontró en su libro *Communication avec les morts*, pero entre la teoría y la práctica siempre hay una diferencia. Simultáneamente, habíamos escrito a varias organizaciones de TCI en Francia para indicarnos si el material que teníamos, descrito en libros de 1985 y otros más recientes, era el adecuado.

Hay tres factores que influyen en la obtención del permiso de Dios y la ayuda de otras entidades para obtener resultados positivos en la TCI:

1. La fe y el amor.
2. La técnica.
3. La disponibilidad (ser paciente y perseverante).

El lunes 25 de marzo de 1996, a las 9:00 horas, obtuvimos el resultado de la perseverancia de Maryvonne: la primera grabación positiva; se trata de voces lejanas y poco audibles, pero son las palabras más maravillosas del mundo:

—*Maman* (mamá, dos veces), Karine y Magna.

Después de 16 semanas de su partida, fue un momento de emoción sin precedentes. Maryvonne me llamó inmediatamente a la oficina y mezclamos llantos de alegría y oraciones. Lo que habíamos leído quedó confirmado.

Esa misma noche Pedro Luis Sánchez nos visitó y fue el primero en escuchar el mensaje. Es muy raro que Pedro Luis pase a la casa entre semana, pero ese día «tenía que estar» para confirmar que el azar no existe; él siempre ha estado presente en momentos importantes.

Entre el 25 de marzo de 1996 y el 9 de abril de 1997, casi a diario, Maryvonne y yo hemos obtenido resultados positivos de TCI con nuestra hija. No muy audibles al principio, las voces mejorarían más tarde.

- 6 de abril de 1996:

  La gata de Karine maulló cuando Maryvonne hacía un contacto. De inmediato y en directo, se escuchó «Magna» (el nombre de la gata).

- 13 de abril de 1996:

  A la pregunta «¿Me puedes decir si hay animales con ustedes en el otro mundo?», la respuesta fue el ruido de un caballo caminando sobre el asfalto y un perro ladrando.

- 13 de mayo de 1996:

  Una respiración y después: «Karine».

- En julio de 1996, recibimos el casete de Infinitude en el que Monique y Jacques Blanc-Garin habían grabado entretiempo con Karine, por ejemplo:

  Blanc-Garin: ¿El tiempo desde su partida no le pareció largo?

  Karine: *Je démarre pas mal* (Arrancó bien).

  Blanc-Garin: Este contacto ha sido solicitado por su papá.

  Karine: *Mon père est admirable* (Mi papá es admirable).

  Blanc-Garin: ¿Podría usted darnos un elemento de reconocimiento?

  Karine: *Ma petite biche* (Mi pequeña cierva).

Maryvonne llamaba así a Karine en la intimidad; en ese momento aún no conocíamos a los señores Blanc-Garin.

  Blanc-Garin: Nos despedimos de usted, Karine, y le agradecemos haber contestado a este contacto destinado a sus padres.

Karine: *Maman, au revoir, faut pas trop pleurer* (Mamá, adiós. No lloren demasiado).

Y el extraordinario mensaje que ya mencionamos:

Karine: *Car nous vivons, on est libre, on est très bien* (Karine, debido a que vivimos, estamos libres, estamos muy bien).

- Octubre de 1996:

En octubre nos llegó un casete que Lines grabó con Karine u otra de las entidades que la acompañan, actuando como «puente». He aquí los más relevantes de estos mensajes. ¡Cuántas veces escuché este casete en la carretera entre Toluca y México camino a mi oficina!

YL: Preguntó por Karine.

Karine: *Et j't'attends* (Y te espero).

Ahí reconocemos hasta su voz, lo que no es tan común; pero con mucho amor hacia nosotros, todo es posible para nuestros seres queridos. Además, reconocemos muy bien la entonación particular de Karine cuando dice «Y te espero», como diciendo: «¡Me llamas y no estás!».

YL: Le da una cita para un día determinado.

Karine: *Je viendrai* (Vendré).

YL: Le pide un bonito mensaje para su mamá.

Karine: *Et j'l'ai dit* (Ya lo dije).

Ahí también reconocemos su voz de cuando era más pequeña y su entonación sin duda alguna: «C'est leur chérie» (Es su querida).

Puente: *Je suis venu* (Vine).

Karine: *Mon papa* (Mi papi).

YL: ¿Vendrá a vernos?

Karine: *Et quand je peux* (Y cuando puedo).

YL: Karine, por favor, di maman.

Karine: *Et j'essaie. Maman* (Y trato. Mamá).

Puente: *Elle t'adorait* (Ella te adoraba).

Es muy común, pero no sistemático, que las entidades nos hablen de tú.

YL: Denos un mensaje para sus papás.

Puente: *Elle est avec vous* (Ella está con usted).

YL: Indique si está viva.

Puente: *Oh oui, elle vit* (Oh sí, ella vive).

- 16 de octubre de 1996:

—*Bonsoir maman* (Buenas tardes, mamá).

Nunca antes tuvimos un mensaje tan claro; pero un día Maryvonne hizo una maniobra equivocada con la grabadora y el mensaje se borró.

- 18 de enero de 1997:

—*J'parle* (Hablo).

- 20 de enero de 1997:

Puente: *Elle vous entend* (Ella los escucha).

- 20 de febrero de 1997:

—*J'suis ici* (Estoy aquí).

- 23 de febrero de 1997:

  —Karine, ¿estás aquí?

  —Au(*x) pied(s)* (A los pies/al pie).

- 26 de febrero de 1997:

  Maryvonne pidió a mi padre un bonito mensaje para mi madre. La respuesta fue:

  —*Non, j'l'ai pas oubliée* (No, no la olvidé).

  Retrasada con media hora en su sesión de TCI, Maryvonne se disculpó con Karine. La respuesta fue:

  —*Pas de problème* (No hay problema).

  Le pidió confirmar el mensaje de mi padre para saber si había entendido bien y si era de él la respuesta.

  —*J'l'ai pas oubliée. Confirme* (No la olvidé. Confirmado).

- 27 de febrero de 1997:

  Preguntando por mi padre, la respuesta fue:

  —*Il arrive papa* (Papá está llegando). «Puente».

- Sábado 22 de marzo de 1997:

  Ya describimos la extraordinaria manifestación con la estrella de David de Maryvonne y la respuesta encontrada en la grabadora el día que visitamos a Jacques Blanc-Garin y Monique Laage en Normandía. Además, Maryvonne preguntó:

  —¿Quién es tu guía?

  Y en dos ocasiones se escuchó:

  —Alan.

Sabemos que pudo tener un guía al inicio y después cambiar, incluso varias veces, según su evolución.

- 9 de abril de 1997:

Llegué de mi trabajo sin saber que Maryvonne estaba grabando. En la cinta se escuchó en ese momento:

—*V'là papa* (Ya viene mi papá).

Después de esta fecha llamamos a otros seres queridos desaparecidos; tuvimos también respuestas, no siempre muy audibles, pero que demuestran que ellos contestan: una frase en inglés, un canto «celeste» que nunca hemos escuchado aquí y alguien que chifla.

A propósito de los idiomas utilizados desde el más allá, Roseline Ruther afirma:

> *¿Por qué los difuntos utilizan un lenguaje políglota? ¿No podrán expresarse normalmente en un solo idioma? Los fallecidos están perfectamente al tanto de nuestra ignorancia acerca de la muerte y del más allá. Tampoco ignoran nuestro escepticismo y desconfianza. Decidieron, entonces, elaborar una vía de comunicación que no puede ser confundida con emisiones de radio. Al escuchar un solo idioma, se podría sospechar que una persona habló estando cerca.*[17]

Para hacer una descripción más explícita del lenguaje utilizado por los difuntos, se agrega que:

> *El más allá, la cuarta dimensión, es el nivel de vida del inconsciente, separado del cerebro físico. Esta modificación influye sobre el difunto. Las complejas reglas gramaticales y las fronteras lingüísticas serían reemplazadas por expresiones impulsivas y espontáneas. Rechaza las estructuras terrestres.*[18]

---

17 Ruther, Roseline. (1996). *L'invisible au quotidien*. Ed. Guy Tredaniel. P. 65

18 *Ídem*.

Y en cuanto al origen de la Transcomunicación Instrumental, Ruther apunta:

> *Ignoraba en aquel tiempo que el científico inglés Oliver Lodge había predicho que un día habría aparatos electrónicos que permitirían el contacto con el más allá. Ignoraba que había habido intentos en Gran Bretaña y Estados Unidos. Desde 1915, la revista inglesa Light evoca voces transmitidas por medio de ondas electromagnéticas. En 1956, Raymond Bayles y Attila Von Szalay anunciaron sus experiencias con respecto a las cintas magnéticas, pero no se vieron los resultados. Friedrich Jürgenson fue el primero en obtener voces concretas y poder presentarlas al público.*[19]

Ahora disponemos de centenas de mensajes de Karine por TCI. En general, comunicamos con ella dos o tres veces máximo por mes, más en ocasiones especiales, como aniversarios o por consultas específicas. Sabemos que evoluciona espiritualmente en forma rápida de acuerdo a la misión que llevamos a cabo aquí.

Muchas personas se preguntan si existe algún riesgo al practicar la TCI. En efecto, puede ser riesgoso, al igual que cualquier comunicación con el más allá. Existe el bajo astral, nivel que sigue inmediatamente al de la Tierra, habitado por almas perturbadas y bromistas. Sin embargo, cuando se intenta con fe y amor, tenemos la protección de seres superiores; ellos quieren que sepamos que están vivos, de lo contrario no habría canales abiertos de comunicación ni mensajes de amor.

Repetimos: hay que practicar el discernimiento y detenerse a la menor duda. La mejor forma de rechazar intervenciones de almas no deseables es la oración. Si se carece de un sólido equilibrio mental y un pensamiento positivo y amoroso, es mejor no practicar la Transcomunicación Instrumental.

---

19 *Ídem.*

El Universal

AVISO OPORTUNO

México, D.F. Jueves 28 de noviembre de 1996

No es imposible el contacto con los muertos, señala la Iglesia católica

ROMA, 27 de noviembre (ANSA).— Los «contactos», las «comunicaciones» con el mundo de los muertos no son imposibles para la Iglesia católica, aunque en este ámbito es necesario adoptar la máxima prudencia para no caer en la superstición, en la idolatría o en las trampas del diablo.

El problema del diálogo entre el más allá y la vida terrena, retomado hoy por el diario católico Avvenire, no sorprende a los teólogos.

—La Iglesia cree en la comunión de los santos, esto significa que es posible una comunicación entre los que viven en esta tierra y los que viven en un estado de reposo eterno, en el Paraíso o en el Purgatorio —explicó a ANSA el padre Gino Concetti, el teólogo del diario vaticano L'Osservatore Romano.

El sentido de ciertos fenómenos escapa a una interpretación teológica.

—También puede ser —señaló el padre Concetti— que Dios permita a nuestros seres queridos que nos envíen mensajes para guiarnos en ciertos momentos de nuestra vida. Bajo el aspecto de la fe —agregó—, estas comunicaciones están demostrando que, con la muerte, no se disuelve una persona. Que el alma sobrevive, que el diálogo no se ha acabado.

Los contactos pueden tener lugar a través de los sueños, de las premoniciones.

—Lo importante —advierte el teólogo— es no intentar evocar ciertos fenómenos, cayendo en la superstición o en la idolatría.

—Como cristianos no negamos que vivimos en un mundo que en muchos aspectos está rodeado de misterio —señaló a su vez el teólogo norteamericano John Richard Neuhaus. Por lo tanto, las experiencias de quienes creen que han escuchado o encontrado a personas desaparecidas «son posibles». Pero sobre ciertos «contactos» no hay que «jugar» —añade—, como «por ejemplo lo hacen quienes se reúnen a sesiones espiritistas».

La Iglesia, dijo también Neuhaus, «no niega la existencia de fenómenos que los hombres no logran explicar, y por lo tanto considera posibles ciertos acontecimientos. Pero es prudente porque no quiere alimentar creencias o prácticas falsas».

La historia de Tuly

En un contacto de TCI, después de unos meses de la «partida» de Karine, le preguntamos:

—¿Cómo está tu mundo? ¿Hay animales?

Y en la cinta se escucha un trote de caballo, unos maullidos y unos cantos de pájaros. Esa fue nuestra primera experiencia con lo que consideramos un mensaje de animales proveniente de la otra dimensión.

Karine tenía una gata, Magna, que aún está con nosotros, y un perro, Tuly, un scotch terrier cuyo nombre fue inspirado en Tula, centro de la civilización tolteca, con sus famosos atlantes de cinco metros de altura. Los dos animales convivían en buena armonía.

Tuly «partió» el 11 de enero de 2001, a las 11:00 horas, y tenía 11 años. Solamente el día anterior a su transición demostró signos preocupantes de fatiga. Los análisis detectaron un grave problema cardiaco, tumores, riñones bloqueados y agua en los pulmones. El veterinario no nos dejó esperanza alguna. Entonces decidimos «dormirlo»; en efecto, una semana antes, Maryvonne recibió mentalmente un mensaje de Karine sin entender de momento su significado: «No quiero que Tuly sufra».

Maryvonne escogió acompañarlo, aunque no sentía el valor de hacerlo. Pero Karine siempre estuvo cerca de sus mascotas hasta el último momento y no podía fallarle; sin embargo, Maryvonne suplicó a Karine que hiciera algo. Unos minutos antes de las 11:00 horas llegamos a la veterinaria y el doctor nos pidió la confirmación de nuestra decisión de «dormir» a Tuly. Después de nuestro acuerdo, trajeron a Tuly al consultorio y constatamos que había fallecido unos minutos antes.

Al día siguiente, teniendo dudas, interrogamos al veterinario, amigo de la familia, para saber si había puesto la inyección antes de nuestra llegada para evitarnos la angustia de este momento y, desde luego, nos afirmó que, por ética, no se hubiera permitido intervenir sin nuestro permiso formal.

El 27 de enero de 2001, en presencia de cuatro personas más, realizamos una sesión de TCI en la cual preguntamos a Karine acerca de la transición de Tuly y se escuchan en la cinta tres ladridos. El 14 de febrero de 2001, en una nueva sesión de TCI, Maryvonne se dirige directamente a Tuly y se escucha en la cinta, en forma muy audible, en francés:

—*Moi, j'comprends tout* (Yo entiendo todo).

El tipo de voz es grave, parecido a las que tienen los animales en las caricaturas. Muy sorprendidos, inmediatamente preguntamos a nuestros amigos Maggy y Jules Harsch-Fischbach, en Luxemburgo, y posteriormente a Monique Simonet, en Francia. Maggy y Jules nos confirmaron haber vivido una experiencia similar con su perro Sammy en 1988 y con otro perro de la familia, Scotty, en 1999. También les llegó una transimagen de un caballo que tuvieron durante muchos años.

Una entidad superior les informó que los animales se encuentran en una dimensión vibratoria en donde los atienden y son capaces de comprender el lenguaje humano, así como, en algunos casos, los pueden ayudar a transmitir sus pensamientos y sentimientos a través de la TCI. Monique Simonet recibió también en sus contactos de TCI ladridos y maullidos. Ella nos recordó que existen obras que tratan de los animales en otra dimensión, escritas por Ernest Bozzano y Jean Prieur, entre otros. Sin embargo, escuchar lo que podría ser la voz de su perro no es algo común, aunque no único.

Nosotros fuimos a buena escuela con los experimentadores mencionados, sin olvidar al padre F. Brune (padre Paco), Pierre Théry y el matrimonio Blanc-Garin. Aprendimos a tener discernimiento y ser prudentes. Así que presentamos en este artículo los hechos concretos y precisos.

¿Serían animales los que escuchamos trotar, ladrar, maullar, chiflar? ¿Sería la voz de Tuly la que aparece en la cinta? Dejamos a los expertos en el tema contestar a estas preguntas y eventualmente explicar el fenómeno, aunque para este último punto todos sabemos que estamos aún muy lejos de lograrlo.

Correspondencia entre el matrimonio Dray y Anabela Cardoso, directora de una revista de TCI internacional, sobre el caso de la comunicación de su perro Tuly:

De: Maryvonne & Yvon Dray
Para: Anabela Cardoso
Enviado: Lunes, 12 de marzo de 2001, 11:48 p. m.
Asunto: Nisha

Querida Anabela:

La verdad, si hay un correo electrónico que nos agradó últimamente, es el suyo. Aunque nosotros, en nuestro interior, sabemos perfectamente bien la realidad del mensaje que recibieron, siempre existen prejuicios frente a la sociedad cuando se trata de cosas extraordinarias y fuera de lo común.

Nuestro artículo fue desarrollado con base en hechos y, para no «provocar» a sus lectores, pusimos reservas, aunque nuestras convicciones son muy firmes... Estamos muy emocionados de saber que usted comunica con Nisha... Cualquier otra sugerencia suya será bienvenida para que este artículo sea reforzado.

¿Qué le parece?

Mientras, le enviamos un afectuoso saludo.

De: Anabela Cardoso
Para: Maryvonne & Yvon Dray
Enviado: Martes, 13 de marzo de 2001, 11:28 a. m.
Asunto: Re: Nisha

¡Evidentemente de acuerdo, queridos amigos!

Claro que sí, Nisha habla muchas veces conmigo y una de las veces hasta me preguntó: «Não vamos sair?» (¿no vamos a salir?), que era lo que a ella le gustaba muchísimo: salir conmigo y sus hijos en el coche. Las grabaciones son bien audibles, además. No son altas en el volumen de la voz, pero se entienden bien.

Un abrazo.

Extraído de la revista *Los Cuadernos de la TCI* de Anabela Cardoso:

Efectivamente, como la publicación de esta correspondencia demuestra, leí con gran emoción y alegría el artículo del matrimonio Dray sobre la historia de su perro Tuly, que les habló por TCI con voz humana.

Es desde 1999 que recibo yo misma, frecuente e inesperadamente, voces que se identifican como uno de mis perros más queridos: Nisha. Nisha —que, según dice Río del Tiempo, aprendió a hablar por radio (no olvidemos que es un proceso mental de control de las ondas sonoras, seguramente más complicado que la formación del lenguaje humano)— habla siempre con la misma voz, débil, fina y baja, y dice su nombre; responde a veces a preguntas que le hago por monosílabos y a veces más que eso. En su primera comunicación, Nisha dice: «Nisha... Não vamos sair?».

Realmente a Nisha le gustaba mucho salir conmigo en automóvil, lo que frecuentemente ocurría. Ciertamente es esa la memoria que evoco. Agradezco a Dios, a nuestros amigos de la Estación Río del Tiempo y a Nisha, claro, por estas comunicaciones tan especiales.

Metodología básica para transcomunicar

Equipo técnico

- Una grabadora sencilla y en buen estado. Es importante que tenga contador, ya que esto nos permite llevar un registro de las respuestas. También debe tener entrada para micrófono y para amplificador o audífonos. Por último, es útil que cuente con variador de velocidad.
- Una grabadora simple para reproducir el sonido de soporte.
- Un micrófono omnidireccional (15,000 Hz o más).
- Un amplificador de audio.
- Casetes normales.
- Casete con sonido de soporte. Nuestros seres invisibles requieren que les proporcionemos sonidos de apoyo que les permitan transformar sus pensamientos en voces o ruidos.

Implica una larga tarea para el transcomunicador educar el oído para distinguir las comunicaciones paranormales; por lo anterior, es recomendable iniciar con sonidos suaves como el que proporciona la caída de agua. Con el tiempo, será de utilidad emplear grabaciones en idiomas desconocidos para el practicante (como el chino o el alemán), mismos que se pueden obtener de emisiones de radio de onda corta.

Es aconsejable guardar un casete master del soporte y utilizar una copia, ya que, por razones que desconocemos, las respuestas de nuestros invisibles no solamente se registran en la cinta que graba, sino también en la que está reproduciendo el audio. El volumen del soporte debe moderarse de tal forma que permita que nuestra voz resalte claramente.

Ejemplos de equipo que utilizamos:

- Grabadoras: PHILIPS mod. AQ6455, RADIO SHACK Cassette Recorder ref. CTR69 mod. 14-1154, PANASONIC Minicassette Recorder mod. RQ-L349.
- Micrófonos: RADIO SHACK ref. 33-30003 impedancia 1 kΩ, VIVANCO estéreo/mono mod. EM216 resp. 20 a 20 000 Hz.

Aclaramos que las marcas y los modelos son indicados como ejemplos solamente.

Método

Es importante subrayar que el éxito en la obtención de respuestas está más relacionado con el experimentador que con el equipo utilizado. Lo anterior no significa que este deba tener características especiales como facultades extrasensoriales o mediúmnicas, sino que debe estar consciente de que su estado de ánimo favorecerá o no el contacto. En relación con este punto, es importante tener en cuenta los siguientes aspectos:

- Motivos: Motivos vanos, materiales, egoístas o, bien, solo curiosidad conducirán seguramente al fracaso. Solo aquellos intentos basados en el amor abrirán el canal de comunicación con nuestros seres invisibles.

- Tiempo: Existen investigadores que opinan que el horario puede facilitar la comunicación. En nuestra práctica, el horario cobra importancia tan solo en la medida en que nos permita estar relajados. Frecuentemente el horario nocturno, cuando hemos finalizado nuestras actividades y las interrupciones son mínimas, favorece mejores resultados, ya que nuestra capacidad de concentración es mayor. No olvidemos que nuestros seres invisibles también tienen sus propias ocupaciones, por lo que es recomendable hacer con ellos un previo acuerdo mental del momento que destinaremos a la práctica (algo así como hacer una cita). Hay testimonios de que la transcomunicación se dificulta en momentos de tormenta eléctrica.

- Espacio: En la misma medida que el tiempo, el espacio elegido debe contribuir a nuestra concentración y tranquilidad. Debemos elegir el lugar menos ruidoso de nuestro espacio físico, ya que los sonidos externos de este plano pueden crear confusión en la evaluación de los resultados. Llevar un registro de los sonidos detectados al momento de la práctica nos ayudará a ser más objetivos. Pese a lo anterior, no hay que descuidar el análisis de los sonidos reales registrados, ya que estos pueden verse transformados en sonidos diferentes (lo cual también indica que hay respuesta). Se recomienda que la duración de la práctica oscile entre 5 y 10 minutos, durante los cuales hagamos preguntas dejando espacios de un minuto entre unas y otras. Sesiones más largas pueden resultar extenuantes en su revisión, además de que nuestros invisibles también quedarían agotados.

- Estados de ánimo: Estados alterados como depresión y angustia debilitan nuestra energía física, la cual es altamente requerida, no solo durante la grabación, sino también al momento de analizar la cinta. Puede suceder que obtengamos respuestas, pero que no logremos detectarlas por la alteración de nuestro estado emocional o físico.

Otros consejos prácticos

- Registrar todas las preguntas y respuestas contenidas en cada casete, etiquetándolo y archivándolo.
- De vez en cuando, volver a escuchar grabaciones anteriores, ya que las respuestas pueden modificarse (desaparecer o aparecer otras).
- Intentar comunicación con diferentes seres a los que se esté vinculado emocionalmente; es decir, no contactar siempre a la misma persona, sino también hacerlo con otros seres queridos.
- El micrófono debe estar fijo y a una distancia no menor de 30 cm del practicante.
- Escuchar los espacios libres varias veces, sabiendo que las respuestas se presentan generalmente en forma de susurros y murmullos.

Comunicación a través de un médium

Aprovechando un viaje a París, quisimos confirmar a través de un médium la comunicación que tenemos con nuestra hija. Desafortunadamente, en el medio abundan los charlatanes, de modo que buscamos y conseguimos las mejores referencias de un joven de 35 años, conocido dentro de los médiums como de los más confiables en Francia: Henry Vignaud.

El jueves 27 de marzo de 1997 nos presentamos con él, quien solo sabía que vivimos en México y que queríamos comunicarnos con nuestra hija. Sin más datos ni preguntas, nos pidió una fotografía de nuestra hija. Él inició su concentración y, según entendimos, entró en comunicación con su guía, quien a su vez lo dirigió hacia Karine. La consulta duró una hora y media.

Las entidades se comunican con él por símbolos, letras, cifras e imágenes —nos explicó más tarde— y todo desfila en su mente de manera muy rápida. Conforme los mensajes se presentaban, él los comentaba e interpretaba. Hubo unos 65 mensajes que Yvon pudo anotar durante ese tiempo (hubiésemos podido grabarlos, pero no lo sabíamos). Puedo afirmar que todos son acertados o que se confirmaron después con una precisión impresionante. Aunque de momento no adivinábamos el significado de todos los mensajes, con el tiempo pudimos verificar algunos. Hasta pudimos clasificarlos: cinco describían su accidente; veinte se refirieron a Karine; veinte se dirigían a nosotros; diez fueron mensajes para mi suegra (entonces en este mundo aún) y diez fueron para Nathalie (la hija de Yvon). Apegándonos a la forma en que nos los transmitió Karine y los percibió el médium, y dejando a un lado los de índole más íntima, sus mensajes indicaban que:

- Posee una gran vivacidad de espíritu.
- Es muy curiosa.
- Es hábil para el análisis psicológico.
- De no fallecer, hubiera quedado paralítica.
- No tuvo tiempo de sufrir (lo dijo dos veces), aunque indica dolores fuertes en el pecho y cuello.
- Estaría con nosotros el 19 de abril, día de su cumpleaños.
- Nos adora y está muy orgullosa de tenernos como padres.
- Los trabajos de pintura que entonces se hacían serían lentos y habría dificultades, pero terminarían para nuestro regreso.

- Yvon recibía muchos mensajes de ella por transmisión de pensamiento, pero no siempre los escuchaba.
- Se manifestaría en el jardín de la casa, que describió con detalle.
- Se refirió a mi suegra con un nombre que casi nadie sabía y que en alguna ocasión utilizó: «Fernande».
- Describió a mi suegra.
- Necesitaba un camino espiritual (tiempo después, desde la otra dimensión, mi suegra nos confirmó que buscaba fuerza interior).
- Usó el nombre «Nathalie» y le dio varias recomendaciones.
- Ayuda a los niños en su mundo, como lo hubiera querido hacer aquí (precisó que es importante para ella).
- Enseña libros (hubiera querido seguir sus estudios o está estudiando).
- Señaló la cifra 18 como importante para ella (el 18 de diciembre de 1989 es la fecha de su conversión al judaísmo).
- No tuvo problema de desprendimiento de su cuerpo astral (entendió de inmediato lo que pasaba).
- Anunció que viajaríamos mucho en junio y julio.
- Ella progresa rápidamente.
- Recordó una foto con caballos de cuando tenía 12 años.
- Necesita espacio, está en movimiento, adora bailar.
- Es muy sensible a la estética, al arte.
- Dice que se fue a los 20 años.
- Mostró su nombre: Karine.

Días antes de esta reunión, el miércoles 19 de marzo de 1997, en el barrio donde nos hospedábamos, cerca de la *Place d'Italie*, nos enteramos de la apertura del Centro Gabriel Delanne, entre cuyas actividades se cuentan las sesiones colectivas de médiums. Me presenté sola al evento, pues Yvon aún tomaba su curso. Una señora preguntó a las personas que esperábamos el inicio de la conferencia:

—¿Alguien conoce a una señorita Catherine o Karine?

—Sí, es mi hija —contesté sin saber que hablaba con la médium Anne.

—Mire, señora, desde que salí del metro su hija está atrás de mí y me dice: «Por favor, atienda bien a mis papás, ellos vienen de muy lejos» —agregó la médium.

—Me siento obligada de empezar con usted y su hija —dijo cuando inició la sesión y, como haría Vignaud unos días después, hizo aseveraciones acerca de Karine; entre otras, que en diciembre había tenido mucha gente alrededor de ella (pensamos en los funerales, el 3 de diciembre de 1995, con centenas de personas alrededor de ella). Habló de la mariposa que se posó sobre mi dedo y muchas cosas más.

Durante este mismo viaje a París, el 15 de marzo de 1997, intentamos hablar con Lucienne Sagnes. Anteriormente, en el programa de TV Mexiquense Félix en directo, Félix García nos había preguntado acerca de la relación entre la Transcomunicación Instrumental y los ovnis o entre los espíritus y los extraterrestres; nosotros recordamos haber leído en una revista especializada un artículo sobre el libro escrito por Sagnes al respecto. Llamamos como a las 9:00 de la noche; Sagnes no atendió y dejamos un mensaje en la contestadora anunciando que hablaríamos al día siguiente. Así lo hicimos y, antes de todo, Sagnes nos dijo:

—Ayer encontré su mensaje, pero había otro simultáneo de una entidad desconocida que les decía a ustedes: «Pueden ir a dormir ahora».

Lucienne Sagnes posee facultades para comunicarse con varios mundos y ha tenido una experiencia personal con extraterrestres. Nos envió imágenes en video que pasamos en los programas Félix en directo y Tercer milenio, de Jaime Maussan. En mayo de 1997 nos informó que varias entidades le habían contestado que Karine estaba con jóvenes de nuestra comunidad religiosa (lo cual se verificó más tarde con una transimagen recibida en el CETL de Luxemburgo).

A propósito de la religión, Elisabeth Kübler-Ross afirma en una de sus obras que nuestros queridos difuntos no cambian sus creencias al llegar al más allá:

> *Nunca he tenido la experiencia de que un niño protestante haya visto a la Virgen María en el momento de fallecer, mientras que muchos niños católicos sí la ven. No se trata de una discriminación, sino que son esperados del otro lado por quienes tuvieron más importancia para ellos.*[20]

El médium Henry Vignaud.

20 Kübler-Ross, Elisabeth. (1984). *La mort est un nouveau soleil.* Ed. Rocher-Age du verseau. P. 32.

6
Conferencias

Después de estas experiencias, nuestro primer deseo fue transmitirlas a las personas para compartir la inmensa esperanza de que la muerte no existe.

Impartimos nuestra primera conferencia en la Alianza Franco-Mexicana de Toluca el 28 de noviembre de 1996. El auditorio se llenó con 180 asistentes y, por seguridad, no fue posible admitir más. El Sol de Toluca anunció el evento; muchas personas viajaron desde el Distrito Federal y otros lugares cercanos, pero se quedaron fuera cerca de 200 personas.

Si bien nosotros reconocimos ante el público no ser especialistas en el tema, posteriormente hemos adquirido más conocimientos con la lectura de 300 libros y revistas especializadas. Para satisfacer la demanda del público, dimos otra conferencia el 6 de febrero de 1997 en el Diforama de Toluca, una para 40 miembros del Club Rotario de Metepec y otra para 120 personas en una librería esotérica del Distrito Federal. Siempre notamos un enorme interés de las personas por el tema.

Más recientemente, podemos citar otras conferencias impartidas en el Club Rotario de Taxco, en San Cristóbal de las Casas (Chiapas) y el 18 de agosto de 2001, en Cuernavaca (Morelos), organizada en forma excelente por Víctor, Laura, Adriana y familias de dicha ciudad, en el magnífico auditorio de la Unidad de Investigación y Servicios Psicológicos de la UAEM, en donde sobrepasamos el cupo con 220 personas.

Dentro del marco de las conferencias impartidas, tenemos que manifestar una enorme satisfacción que nos viene de Argentina. En efecto, a raíz de las entrevistas que tuvimos en diferentes programas de televisión en Buenos Aires, conocimos a matrimonios que «perdieron» a un ser querido. Citamos a Noelia y Luis, Amalia y Néstor, Graciela y Esteban, Mónica y Alfredo, Mirta y Daniel, por no poder nombrar a todos.

Bajo el impulso de Noelia y Luis Mariani, apoyados en forma extraordinaria por Lucía Galán (Pimpinela), se desarrollaron en Buenos Aires las dos primeras conferencias de TCI en esta ciudad los días 13 y 14 de marzo de 1999. Los expositores que invitamos para acompañarnos fueron Sonia Rinaldi, de Brasil, y Gabriela Gutiérrez, de México. El grupo de organizadores tuvo que hacer un esfuerzo importante para reunir a 200 personas, lo anterior a pesar de una buena promoción por TV, radio y prensa escrita. Sabemos que las cosas avanzan lentamente; además, la TCI era en Argentina un tema completamente desconocido.

Gracias a la generosidad de Lucía Galán, Noelia y Luis Mariani, Graciela y Esteban, quienes ofrecieron el hospedaje y alimentos de los expositores en su magnífico hotel Cambremon, se pudo llegar al punto de equilibrio financiero. Hoy, el grupo de Argentina se llama «Viaje Infinito Hacia La Luz» y sigue sus actividades de ayuda a personas en duelo a través de la TCI. El 6 de octubre de 2001 organizaron una nueva conferencia en la cual acompañamos al padre Brune y aprovechamos la estancia en América del Sur para dar a conocer la TCI en Santiago de Chile el 13 de octubre de 2001, en un evento al cual asistieron 600 personas. Este último evento fue organizado por Adriana, Sergio y José Luis, del grupo OHANI, después de una impresionante promoción en TV, radio y prensa escrita.

Los temas que generalmente desarrollamos en nuestras conferencias son:

- Historia de la TCI.
- Manifestaciones.
- Los grandes mensajeros.
- Mediumnidad.
- Experiencia al borde de la muerte (NDE).
- Escritura automática.
- Metodología para transcomunicar.
- Grabaciones de audio.
- Transimágenes por computadora.
- Imágenes de video.
- Fotos paranormales.
- La Iglesia y la TCI.
- Los diferentes niveles y grupos del más allá.
- Investigaciones científicas a nivel mundial.

El público de una conferencia

Testimonios argentinos

Lucía Galán y su linda hija Rocío Luna

7
Organización del Primer Congreso Internacional de Transcomunicación Instrumental en México

La TCI evoluciona en forma espectacular en el mundo; sin embargo, en México no existía ninguna asociación de especialistas en el tema. El 3 de septiembre de 1996 se creó en Darlington Hall (Inglaterra) la International Network for Instrumental Transcommunication (INIT), primera en su género, entre cuyos fundadores se encuentran grandes notoriedades de la TCI: Maggy y Jules Harsch-Fischbach, Sonia Rinaldi, Friedrich Malkhoff, Ralf Determeyer, Adrian Klein, Mark Macy, Sarah Estep y otros.

El 2 de abril de 1996, la entidad Technician («el Técnico») comunicó al INIT que las «altas esferas» decidieron llamar Proyecto Sothis a las comunicaciones que tenían de ese día en adelante con ellos. Nombre de origen egipcio, Sothis figura en los manuales de historia antigua y significa «divinidad». El anterior Proyecto Sothis tuvo lugar hace 20 000 años, pero no funcionó.

Así que decidimos traer a México el mejor nivel de desarrollo de TCI con que cuentan otros países. Queríamos que expertos en la materia —entre otros, el matrimonio formado por Maggy y Jules Harsch-Fischbach— hablaran aquí de sus largas comunicaciones filosóficas y técnicas con Constantin Raudive o con la doctora Swejen Salter, quien vivió en un mundo paralelo al nuestro llamado Varid antes de fallecer a los 38 años, a consecuencia de un accidente, en octubre de 1987.

Nuestro siguiente objetivo fue efectuar un congreso, así que buscamos una institución de prestigio que nos apoyase con la imagen y la organización. Perdimos unas semanas con asociaciones que seguramente no midieron el impacto de este congreso o cuya vocación es otra. No dudamos de que Karine nos guió hacia la señora Irma Leticia Cárdenas de Garduño, presidenta del DIF de Toluca. El congreso tendría lugar en el conocido Teatro Morelos de esa ciudad, cuya capacidad es para 2300 personas. La fecha se fijó para el sábado 25 y domingo 26 de octubre de 1997.

Si bien en países como Brasil o Italia hay centenas de transcomunicadores y se han organizado otros congresos sobre el tema, sabíamos que en México tendríamos dificultades en vencer los prejuicios que existen al respecto. Por ser un tema poco conocido, hicimos mucha promoción por televisión, radio y prensa. Nos motivaba el apoyo incondicional de la señora Cárdenas de Garduño y del equipo de organizadores, así como el deseo de aportar algún bienestar a los niños más vulnerables a través del DIF, a cuyo beneficio se organizó el congreso. Benévolos, los expositores extranjeros invitados solo pidieron que nos encargásemos de su transporte y hospedaje. Empresas hicieron donativos para asegurar un beneficio razonable en favor del DIF Toluca. En fin, vaya nuestro agradecimiento a todas las personas que tuvieron suficiente visión para ayudarnos a realizar este noble proyecto.

El 2 de junio de 1996 enviamos la invitación a los expositores, en su mayoría presidentes de asociaciones de TCI en sus países y autores de *best-sellers*:

Sacerdote François Brune (Francia).

Jacques y Monique Blanc-Garin, Infinitude (Francia).

Ralf Determeyer, FGT (Alemania).

Jules y Maggy Harsch-Fischbach, CETL (Luxemburgo).

Adrian Klein (Israel).

Yves Lines, Infinitude (Francia).

Mark Macy, CLR (EE. UU.).

Sonia Rinaldi, ANT (Brasil).

Yvon y Maryvonne Dray (México).

Elisabeth Kübler-Ross y Sarah W. Estep, invitadas también, no pudieron asistir. Los demás invitados nos confirmaron su participación.

Para coronar nuestros esfuerzos, sucedió algo muy especial: el famoso Centro de Estudios de Transcomunicación de Luxemburgo (CETL) recibió un mensaje del más allá de Swejen Salter pidiendo que fuéramos invitados al Congreso de TCI que Brasil celebraría en agosto de 1997. Salter es la encargada científica del Centro de Transcomunicación Mundial en la otra dimensión. Su mensaje aseguraba que las entidades de niveles espirituales superiores se interesaban en nosotros y aprobaban nuestra organización del congreso de TCI en México. Aprovechando esta circunstancia, la mesa directiva del INIT nos propuso ser delegados de esa institución en México. Por supuesto, aceptamos el honor y la responsabilidad que su confianza significa.

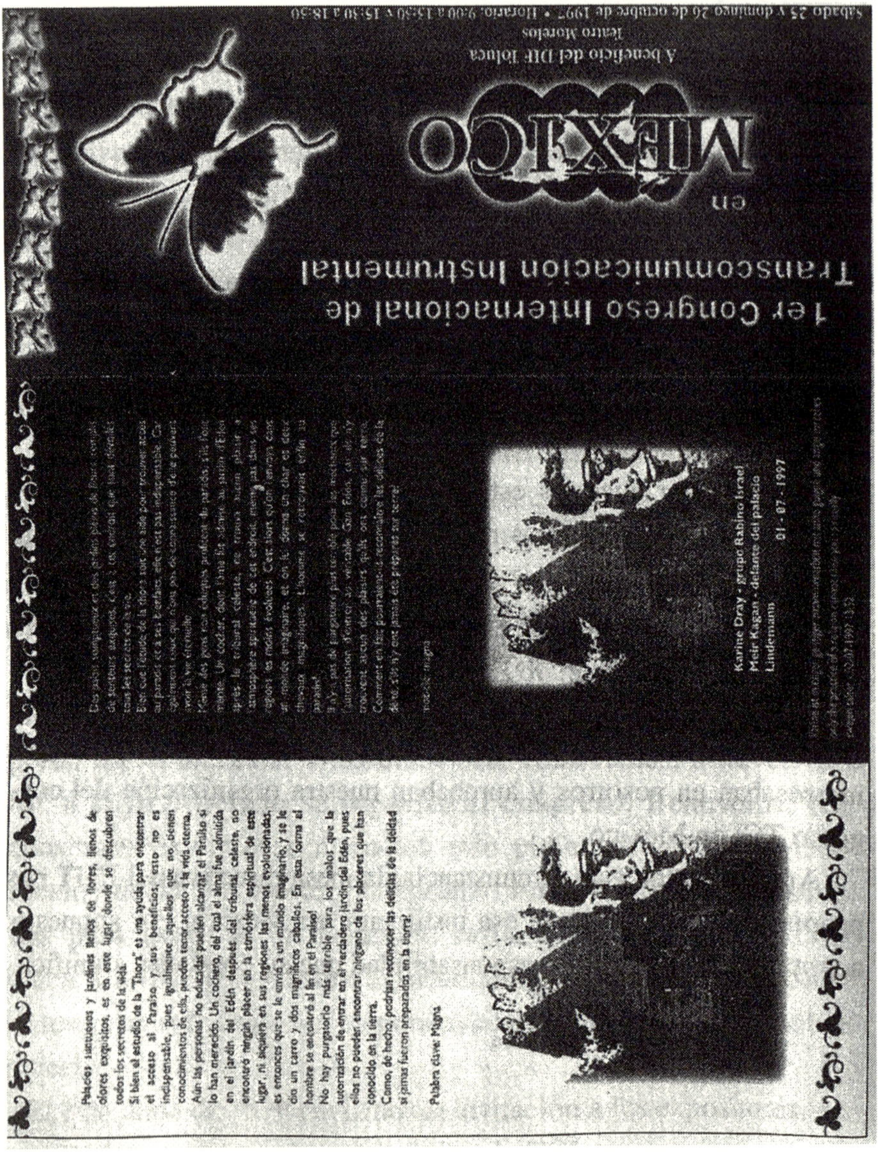

Trípticos del congeso

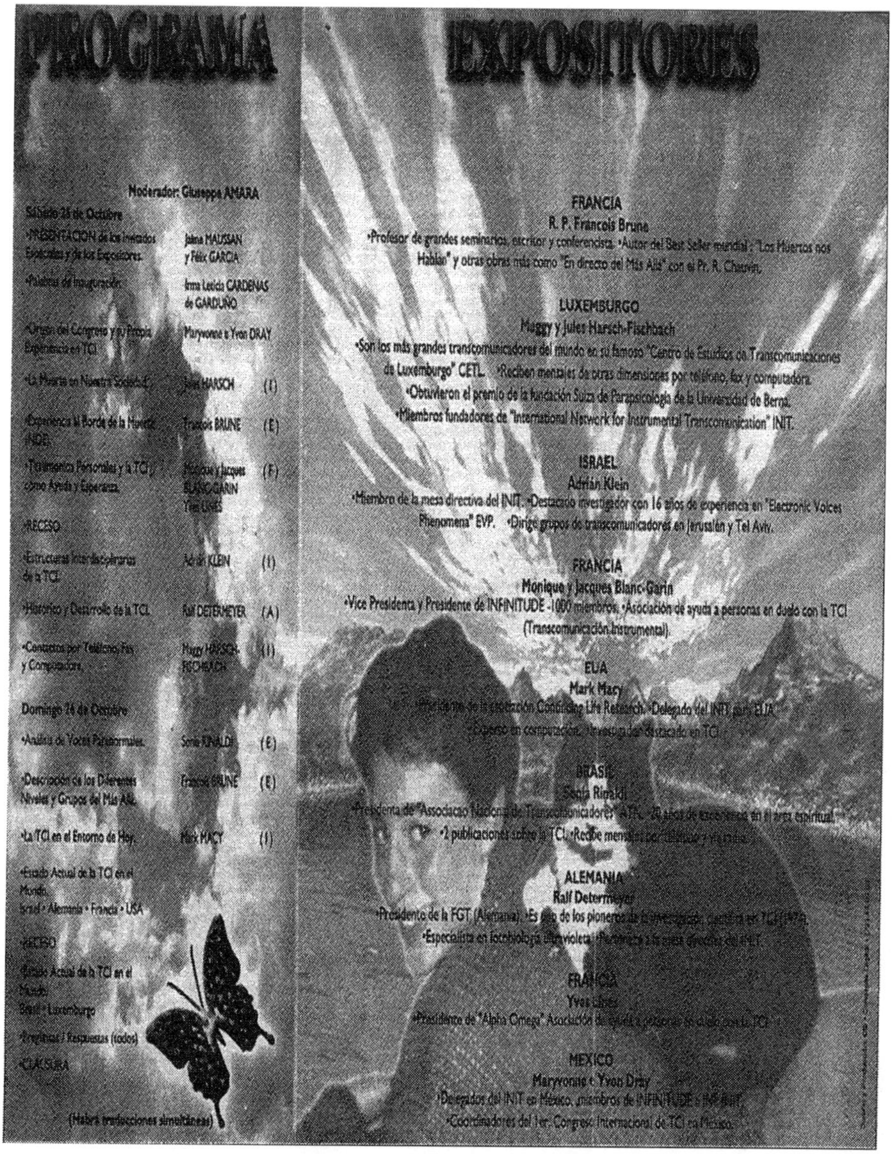

Trípticos del congeso

8
Karine envía un mensaje a la humanidad

Ya hemos anticipado en otras páginas un acontecimiento de valor internacional. El 1 de julio de 1997 salimos de viaje por cuatro semanas a Lima, Buenos Aires y Santiago de Chile para impartir cursos de capacitación, como cada año. Durante nuestra ausencia, mi secretaria, Adriana Castillo, recibió en México un fax de Luxemburgo el 4 de julio y me lo envió inmediatamente a Buenos Aires.

Maggy Harsch-Fischbach nos hacía llegar una copia del comunicado que dirigió a todos los miembros del INIT en el mundo. El CETL había recibido en su computadora una transimagen: ¡una fotografía y un mensaje de Karine! En la foto, una imagen muy parecida a la presentada en las primeras páginas de este libro, Karine está de perfil junto al Palacio de Lindemann. Se distinguen también dos gatos que se parecen a los nuestros: Magna y Nova, así como un perro: Tuly. El texto escrito bajo la foto está en español: «Karine Dray. Grupo rabino Israel Meir Kagan delante del Palacio Lindemann».

Jules Harsch investigó que el rabino Israel Meir Kagan (1836-1933), mejor conocido como Chofetz Chaim, fue un erudito judío cuyos escritos publicó la Editorial Judaica en Nueva York. El mensaje de Karine a la humanidad tiene una belleza celestial; lo reproducimos en el lenguaje original (francés) y en su traducción al español. La palabra clave de reconocimiento es «Magna». Cabe mencionar que entonces aún no conocíamos a Maggy y

Jules Harsch-Fischbach, quienes no sabían el significado de dicha palabra.

En marzo de 1996, cuando nos enteramos de la existencia del CETL, les habíamos enviado una carta y una fotografía de Karine, igual que a todas las organizaciones o asociaciones de TCI de las que hemos tenido noticia. Pero en el CETL son investigadores y no contestan cartas, sino que las conservan en una caja de cartón hasta que algo suceda, lo cual, según nos informaron, es muy raro. Ellos están en contacto con entidades de niveles espirituales superiores, como Swejen Salter; precisamente fue ella quien confirmó el mensaje de Karine, poniendo un breve texto en alemán y en inglés. Salter también precisó que Karine trabaja con otra entidad, Anne de Guigné, para recibir a las 35 000 almas de niños que llegan por allá cada día, de lo que ya se nos había enterado por escritura automática.

Reiteramos: somos tan escépticos como cualquier otra persona, pero frente a estas evidencias, no creer sería vivir en la ignorancia. El más allá nos enviaba un bonito regalo para el congreso de TCI, algo que ni en sueños nos habíamos imaginado. Sin duda, durante el congreso Maggy nos explicaría más detalladamente cómo esta transimagen pudo llegar a su computadora. Como lo indicó el título del artículo de El Demócrata de México: «La Transcomunicación Instrumental es una realidad».

Parece indispensable adoptar una actitud más humilde respecto de los conocimientos que tenemos y admitir que aún nos falta mucho por aprender y descubrir en este mundo. Y para lograrlo, debemos poseer una mente abierta.

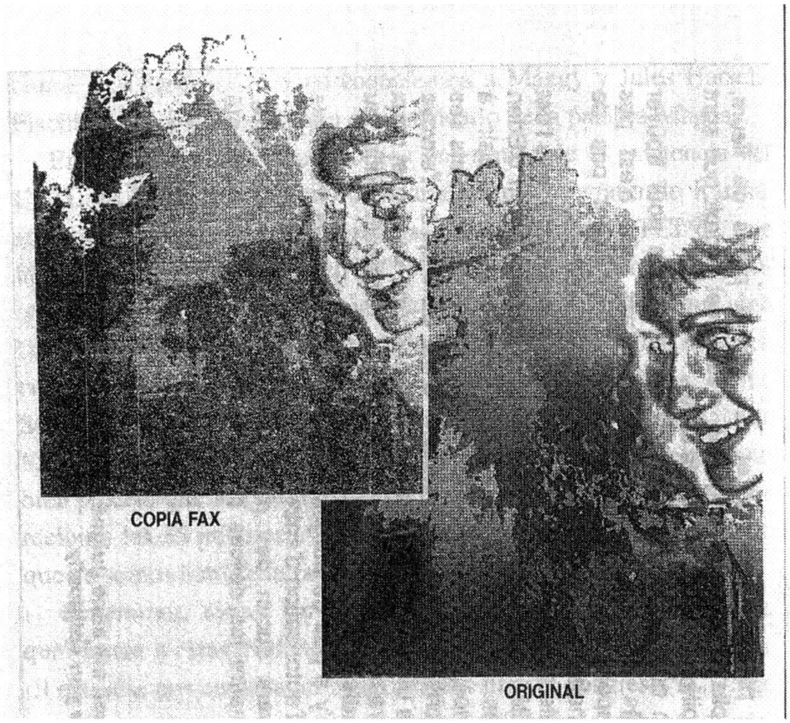

Transimagen.

Traducción del mensaje adjunto a la transimagen

Palacios suntuosos y jardines llenos de flores con olores exquisitos; es en este lugar donde se revelan todos los secretos de la vida. Aun cuando el estudio de la Torá sea una ayuda para encontrar el acceso al Paraíso y a sus beneficios, no es indispensable. Porque igualmente aquellos que no tienen conocimiento de ella pueden tener la vida eterna.

Incluso las personas sin educación aprovechan el Paraíso si lo merecieron. Un cochero, cuya alma fue admitida en el Jardín del Edén después del tribunal celeste, no encontró placer en la atmósfera espiritual de este lugar, ni siquiera en las regiones menos evolucionadas. Fue entonces cuando se le envió a un mundo imaginario y se le dio una carroza y dos magníficos caballos. ¡Al fin el hombre se encontraba en el Paraíso!

No hay purgatorio más terrible para los malos que la autorización de entrar al verdadero Gran Edén, pues allí no encuentran ninguno de los placeres que conocieron en la Tierra. De hecho, ¿cómo podrían reconocer las delicias de la deidad si nunca fueron preparados en la Tierra?

Palabra clave: Magna.

Muy importante:

Durante el congreso de TCI, que enseguida reseñaremos, el matrimonio Harsch-Fischbach nos entregó el original de la transimagen de Karine. Para sorpresa nuestra, los gatos Magna y Nova, así como el perro Tuly, no aparecen. Se «revelaron» solamente en el fax que llegó a México.

Acerca de las transimágenes

Las semejanzas entre ciertas transimágenes genuinas y las imágenes correspondientes en la Tierra son más aceptables cuando sabemos cómo se forman estas transimágenes. Como lo entiendo, basado sobre todo en la información que hemos recibido del más allá en la última década, el principio detrás de los contactos de TCI implica una interacción constante entre nuestro mundo y los mundos astrales habitados por nuestros antepasados.

Nosotros formamos realmente mucha de su realidad con nuestros pensamientos, actitudes y sueños. (Por ejemplo, si tenemos una fotografía de alguien que amamos —especialmente de alguien que ha muerto—, entonces esa fotografía puede convertirse casi en objeto de adoración para nosotros. La imagen se graba profundamente en nuestra mente y se entrega con gran detalle en las mentes de nuestros seres queridos y colegas que han partido. Ellos, a su vez, puede ser que nos envíen una imagen muy similar durante un contacto de TCI. La misma interacción entre los mundos, originándose en la Tierra y llevada al contacto de TCI, puede ocurrir cuando las mentes de la gente en la Tierra se ocupan con una canción popular, una noticia ampliamente difundida, un nuevo dispositivo o una estatua celebrada).

Asimismo, nuestros amigos espirituales forman mucha de nuestra realidad con sus pensamientos, actitudes y sueños. (Por ejemplo, ellos implantan visiones en nuestras mentes subconscientes que se filtran posteriormente en nuestras mentes conscientes y puede ser que se manifiesten a través de nuestros esfuerzos como una línea musical hermosa, una historia interesante, una invención ingeniosa o un templo pródigo).

Esta interacción constante entre nuestro mundo y los mundos espirituales puede explicar no solamente los contactos de TCI, sino también situaciones en las cuales varios inventores, músicos o escritores en la Tierra llegan a tener la misma idea brillante al mismo tiempo. No es tanto una cuestión de tamaño del cerebro o de ingeniosidad personal, sino de resonancia entre nosotros y otras buenas almas en ambas caras del velo.

Mientras en la Tierra aprendemos más sobre estos principios, espero que comencemos a restablecer el respeto mutuo y a fomentar la resonancia a través de los océanos y a través de las dimensiones. Entonces la TCI podrá prosperar en nuestro mundo. Hasta entonces, el progreso puede ser lento y los resultados pueden ser limitados.

Mark Macy
Presidente de Continuing Life Research (EE. UU.)

9
Resumen del congreso de TCI

Fecha: Sábado 25 y domingo 26 de octubre de 1997

Lugar: Teatro Morelos en Toluca (Estado de México)

Presidente: Irma Leticia Garduño, presidenta del DIF Toluca, acompañada de su esposo Armando Garduño Pérez, presidente municipal de la ciudad.

Invitado de honor: Jaime Maussan

Moderador: Giuseppe Amara

Invitados especiales: Flor Berenguer, Ricardo Torres Nava, Félix García y Luis Ramírez Reyes.

Coordinadores: Yvon y Maryvonne Dray

Expositores: Sacerdote François Brune (Francia), Jacques y Monique Blanc-Garin (Francia), Ralf Determeyer (Alemania), Jules y Maggy Harsch-Fischbach (Luxemburgo), Adrian Klein (Israel), Yves Lines (Francia), Mark Macy (EE. UU.), Sonia Rinaldi (Brasil) e Yvon y Maryvonne Dray (México).

Mil quinientos participantes de prácticamente todos los estados de la República, así como de los Estados Unidos.

Temario:

- Origen del congreso.
- La muerte en nuestra sociedad.
- Experiencia al borde de la muerte.
- Historia y desarrollo de la TCI.
- La TCI como ayuda y esperanza.

- Testimonios personales.
- Estructuras interdisciplinarias de la TCI.
- Descripción de los diferentes niveles del más allá.
- La TCI en el entorno de hoy.
- Contactos por teléfono, fax y computadora.
- Análisis de voces paranormales.
- Estado actual de la TCI en el mundo.
- Sesión de preguntas y respuestas.
- Conclusiones.

Considerando que quienes podrían comentar con mayor objetividad el congreso son los participantes, pedimos a algunos de ellos hacerlo para el primer número de la revista de nuestra asociación. Aquí reproducimos un resumen.

Primer Congreso de Transcomunicación Instrumental en México

Por Gloria Castro, Mabel Drehock, Ma. Carmen Hernández, Luis Miguel Jiménez e Ivette Pallares.

La Transcomunicación Instrumental ya es en México una realidad. El primer congreso sobre el tema se efectuó los días 25 y 26 de octubre de 1997 en Toluca, a beneficio del DIF de esa ciudad y a iniciativa de los señores Maryvonne e Yvon Dray, de origen francés, inspirados en los contactos experimentados con su hija Karine —fallecida a los 21 años de edad en diciembre de 1995, en un trágico accidente automovilístico—. Sin resignarse a la pérdida y en su búsqueda desesperada de consuelo, contactaron a través de libros sobre el tema con diversas asociaciones de transcomunicación en el mundo, obteniendo de ellas no solo la guía y asesoría solicitadas, sino también la colaboración para hacer de este evento una trascendental experiencia.

Cabe resaltar la impresionante labor que llevaron a cabo para atraer a mil 500 participantes provenientes de 50 ciudades de todo el país, sobre un tema que, pese al interés que suscita en muchos, no deja de provocar gran resistencia por confrontarnos con nuestra inevitable finitud. Aceptamos con naturalidad los mensajes que nos recuerdan estar vivos, pero todo aquello que nos sugiera el fin físico preferimos evadirlo y excluirlo de nuestros conceptos ideológicos.

Maryvonne Dray dio apertura a las ponencias con su testimonio sobre la comunicación con su hija a través de la escritura automática e inspirada en un principio, después con la ayuda de un médium y más tarde con la técnica de la Transcomunicación Instrumental (TCI). Sin duda, la fuerza del amor y la perseverancia lograron, mes y medio después del primer intento, una respuesta en forma de murmullo. En julio de 1996 recibieron un casete con mensajes de Karine obtenidos por la asociación Infinitude, a la cual habían recurrido. Para ellos, esto significó el punto de partida para una vida llena de esperanza. Optaron por compartir con personas en proceso de duelo su conocimiento de que la muerte no existe. Con este fin organizan conferencias para diferentes grupos y transmiten sus experiencias por medio de los diferentes medios informativos. Además, plasmaron sus experiencias en un libro titulado *Karine* o *El vuelo de la mariposa*, con un gran contenido de amor y esperanza.

Con el éxito del congreso, la inquietud que despertó en las personas el tema y la idea de una vida de luz más allá de la muerte física, se formó la asociación encabezada por los señores Dray: Karine, Asociación Mexicana de Transcomunicación Instrumental, A.C.

El beneficio de la apertura de conciencia que ellos nos aportan a muchos de nosotros es apenas el surco inicial de una vida con un porqué más claro y un después más seguro. Del congreso conservamos el fragmento de un mensaje de Karine: «La muerte no existe, se trata solo de un cambio de estado; no estamos muertos, estamos vivos y queremos que todos lo sepan».

Como moderador de las conferencias fungió el distinguido psiquiatra Giuseppe Amara, sobresaliente en sus comentarios por su gran capacidad de síntesis.

De Alemania, Ralf Determeyer, presidente de la FGT y pionero de la investigación científica de la TCI, es especialista en fotografía ultravioleta y pertenece a la mesa directiva del INIT. En su conferencia «Historia y desarrollo de la TCI», situó los comienzos en 1959, en Suecia, cuando el director de cine Friedrich Jürgenson quiso grabar sonidos de pájaros en una cinta y lo que escuchó fueron voces que lo llamaron por su nombre; después se percató de que las voces eran de personas que ya no estaban vivas. En 1963, el letón Constantin Raudive experimentó también con una grabadora; publicó dos libros con sus investigaciones: *Lo inaudible se hace audible* y *Sobrevivimos a la muerte*.

Determeyer resaltó que ya desde el siglo pasado Edison y otros realizaron experimentos para obtener contacto con otras dimensiones, y que sacerdotes italianos en la época de Pío XII (1956), al grabar cantos gregorianos, identificaron la voz del padre de uno de ellos. Aludió a George Jeffries Mueller, quien desde el más allá instruyó a William O'Neil para diseñar el Spiricom, aparato con altavoces y registradores de voces que se escuchan como si provinieran de un robot.

Durante las décadas de los 60 y los 70 —continuó Determeyer— hubo grandes investigadores entre los que destacan Alex Schneider y Theodore Rudolph, que trataron de mejorar las técnicas con equipos electrónicos más sofisticados, y en 1980, Manfred Boden, en el sur de Alemania, obtuvo el primer mensaje por computadora. Hoy en día muchos países tienen asociaciones dedicadas a la Transcomunicación Instrumental y hacen posible su continuo desarrollo. Para concluir, Determeyer hizo un interesante análisis de las culturas antiguas y propuso la posibilidad de una influencia extraterrestre.

De Luxemburgo asistieron dos de los más grandes transcomunicadores en el mundo. Desde su Centro de Estudios de Transcomunicaciones de Luxemburgo (CETL), Maggy y Jules Harsch-Fischbach obtuvieron el premio de la Fundación Suiza de Parapsicología de la Universidad de Berna y son miembros fundadores de la International Network for Instrumental Transcommunication (INIT). Ellos reciben mensajes de otras dimensiones por teléfono, fax y computadora. Iniciaron sus prácticas en TCI no por la necesidad de contactar con algún ser querido fallecido, sino por el afán de encontrar el sentido de la vida. Durante su conferencia mostraron numerosas evidencias —grabaciones, fotografías espectrales, mensajes por fax y computadora— recopiladas durante sus diez años de experiencia; cuentan con una computadora sin conexión a internet o módem, y normalmente la encuentran encendida al regresar de trabajar, exhibiendo algún mensaje o fotografía; han observado que las entidades no terrestres se valen de fotografías tomadas durante su vida terrenal para proyectar una imagen espectral.

Los señores Harsch-Fischbach expresaron que les fue difícil combinar su pensamiento racional y escéptico con sus experiencias paranormales —como la sucedida en la primavera de 1994, cuando observaron la materialización de un objeto físico suspendido en el aire—; este fenómeno escenifica el proceso inverso a la muerte y es prueba fehaciente de la existencia de otra dimensión. Ellos mantienen comunicación con una central del más allá denominada «Río del Tiempo» y con siete entidades superiores que integran los «Siete del Arcoíris». «El Técnico», quien fue su primer contacto del grupo de los siete, les ha hecho saber que ellos requieren de mucha energía para estas comunicaciones debido a la diferencia entre frecuencias vibratorias, además de un entrenamiento para lograr convertir su pensamiento en voz audible a través de equipos electrónicos; él ha comentado también que su misión es ayudar a la Tierra en su evolución, aun cuando prefieren respetar nuestro libre albedrío y no intervenir ni afectar nuestro mundo. Aconsejan vivir con respeto hacia la humanidad, animales y naturaleza, y superar la arrogancia para enfrentarnos a otras dimensiones y universos; describen su espacio con paisajes divinos, sus cuerpos son sanos y jóvenes, y son felices, sin obligaciones financieras.

De Francia, François Brune —sacerdote, profesor de grandes seminarios, escritor, conferencista, autor del best seller Los muertos nos hablan y En directo del más allá— comentó que la religión es importante solo porque nos ayuda a cambiar interiormente. Gino Concetti (hermano de la orden menor de los franciscanos, uno de los teólogos más importantes del Vaticano y comentarista de L'Osservatore Romano, periódico de la Santa Sede) sostiene que la Iglesia católica ha decidido no prohibir las experiencias de diálogo con el más allá, siempre y cuando se establezcan con fines científicos y espirituales. Brune aseguró que la comunicación con el más allá existe y es legítimo recurrir a ella para ayudar a gente desesperada que ha perdido a un ser querido y para acrecentar la fe; naturalmente, hay que tener precauciones, un sentido crítico y abstenerse de hacerlo por motivos vanos. Solo podemos comunicarnos con los primeros niveles astrales, más cercanos a la Tierra y con mundos físicamente parecidos a los nuestros, lo cual va cambiando a medida que incursionamos en niveles más evolucionados. La evolución se da según nuestra voluntad y deseo; cada estado de conciencia se proyecta en un más allá. San Pablo dijo que tendremos un cuerpo material pero diferente al actual; este cuerpo será congruente con nuestra esencia. El pecado original nos separó de Dios; nuestro objetivo es retomar el camino y buscar la luz.

Antes se pensaba que los testimonios y leyendas que hablaban de la transición al más allá eran producto de la imaginación y se consideraban falsos. El padre Brune presentó diversos casos narrados por la doctora Elisabeth Kübler-Ross (quien tiene una inigualable experiencia al lado de enfermos terminales) y el doctor Raymond Moody (autor de Vida después de la vida). Estas narraciones confirman que la muerte no es el fin sino el nacimiento a otra vida; hablan de los elementos que se presentan en las experiencias al borde de la muerte: la separación del cuerpo espiritual del físico, el túnel, la luz, el encuentro con los seres queridos ya fallecidos, la sensación de paz, etc. Abundan los testimonios de estos elementos a través de los siglos, en la tradición y la literatura de los pueblos. Al respecto, el moderador Giuseppe Amara comentó que algunas culturas autóctonas de México han descrito con bellos dibujos y hermosa claridad el túnel que supuestamente atravesamos en nuestra transición al mundo espiritual.

Las palabras de san Juan: «Dios es luz, Dios es amor» describen lo que miles de personas han repetido constantemente después de vivir una experiencia al borde de la muerte. Llegando a este punto, irremediablemente debemos preguntarnos: «¿Qué he hecho en mi vida? ¿He amado incondicionalmente?». El perdón es la fuerza del amor que podemos dar a los demás; si sabemos amarnos, podremos amar a los otros, y el amor es la única justicia para encontrar la felicidad.

También de Francia, Monique y Jacques Blanc-Garin, vicepresidenta y presidente de Infinitude, asociación que reúne a mil miembros para ayudar mediante la TCI a personas en duelo. En su plática «Testimonios personales y la TCI como ayuda y esperanza» explicaron los motivos por los cuales se iniciaron en estas técnicas. En diciembre de 1988, Jacques Blanc-Garin enviudó y cayó en una profunda depresión; con ayuda de un libro incursionó en las prácticas de transcomunicación instrumental. Trabajó nueve meses sin resultado, pues tenía dificultades para escuchar e interpretar los sonidos, y finalmente consiguió respuestas de voces que cada vez eran más claras. Monique, en cambio, no había sufrido duelo reciente, pero buscaba una confirmación del más allá. Un día conoció a una médium llamada

Helene Mich, quien le habló de la TCI; compró el material y pidió una respuesta de su padre, obteniéndola de inmediato. Por su parte, Yves Lines, también francés, inició sus intentos tras la muerte de su madre; le tomó tres meses conseguir una respuesta en la grabadora.

Con esta técnica se utiliza una grabadora, un micrófono omnidireccional y una segunda grabadora o radio de onda corta que funciona como soporte con sonidos de los cuales se valen los trascendidos para impregnar en la grabación sus mensajes. Los ponentes expresaron que, una vez que se tiene una revelación como esta, surge la necesidad de compartirla y consolar a la gente que sufre por la pérdida de un ser querido. Exhibieron diversas grabaciones obtenidas en transcomunicación, todas ellas alentadoras.

De los Estados Unidos, Mark Macy, presidente de la asociación Continuing Life Research y delegado del INIT para EE. UU., experto en computación e investigador destacado en TCI, explicó en su conferencia «La TCI en el entorno de hoy» que es difícil captar el significado de este trabajo sin comprender nuestra propia naturaleza espiritual. Describió a los humanos como seres multidimensionales viviendo en un nivel multidimensional. Cada célula y átomo humanos cuentan con su propio ritmo e índice vibratorio; el cuerpo físico es un caparazón temporal de sustancia densa y está unido a los otros dos cuerpos: el etéreo y el astral-mental. De igual forma, nuestro mundo está unido a otros mundos; todos están juntos pero distinguidos por sus niveles vibratorios. Nuestros cinco sentidos físicos solo distinguen el mundo físico. Al morir el cuerpo físico, vivimos en el cuerpo etéreo —muy parecido al físico— por poco tiempo, a veces solo unas horas; en la mayoría de los casos este cuerpo se habrá desintegrado en dos o tres días. En el cuerpo astral-mental se encuentra el alma, que es el cuerpo real, el lugar de la paz, ese pequeño rayo de sabiduría infinita recubierto de un cuerpo temporal. Hemos seleccionado nuestro cuerpo físico como vehículo para viajar en la Tierra.

El doctor Amara comentó al respecto que en griego psyche significa mariposa y, como de la larva surge la mariposa, los griegos le llamaron psyche al alma. Una vez que la larva —que es nuestro cuerpo— muere, da a luz una mariposa. No es que el alma se desprenda del cuerpo, sino que el alma es el centro y de ella se desprenden los diferentes cuerpos.

Para Macy, la clave para tener un contacto de TCI exitoso es focalizar un propósito. Uno descubre un velo y llega a otra dimensión para darle forma a la realidad. Estamos construyendo un nuevo campo de contacto en América del Norte. Cuando se desarrolla conciencia entre dos seres, ya sean animales, humanos o espirituales, se crea un campo de energía. Cuando pensamos en un nuevo amigo, desarrollamos un campo de contacto con esa persona; lo mismo sucede cuando pensamos en alguien que se ha ido de este mundo: creamos un campo de contacto con el espíritu de esa persona. Para la TCI es muy importante establecer un campo de contacto muy fuerte con estructuras superiores y amigos espirituales, compartiendo amor y devoción mutuos hacia un proyecto común. Las llamadas telefónicas que han estado recibiendo los miembros del CETL en los últimos años son el resultado de un campo de contacto muy fuerte que se ha establecido en Luxemburgo; este campo se fortalece conforme más personas se agrupan y unen sus sentimientos.

De Israel, Adrian Klein, físico, miembro de la mesa directiva del INIT, destacado por sus 16 años como investigador en Electronic Voice Phenomena (EVP), dirige grupos de transcomunicadores en Jerusalén y Tel Aviv. En su conferencia «Estructuras interdisciplinarias de la TCI», vinculó la física cuántica con la TCI; habló de la necesidad de una revisión exhaustiva de los sistemas de energía ligados al espacio y al tiempo. Se abren nuevos canales en el pensamiento científico que deben integrarse al debate multidisciplinario de las ciencias cognitivas. Un tema fundamental es la relación cerebro-mente. Sabemos que la estructura cerebral relacionada con los procesos cognitivos es la neocorteza, pero al parecer la mente puede ser independiente del soporte físico del cerebro. El alma como estructura psíquica no se hereda; cada quien trae programada una. El deterioro del tejido biológico no afecta a la psique como alma, que en el momento de la muerte recupera la memoria, intacta más allá del deterioro cerebral. Aún persisten misterios como: ¿por qué hay conciencia que se desprende de estructuras biológicas como el cerebro?, ¿cómo animales inferiores pudieron programar estructuras más complejas hasta llegar al Homo sapiens?, ¿cómo se da esta programación de inteligencia superior?, ¿de dónde proviene?, ¿qué es lo que permite diferenciar y reconocer que el cerebro funciona con esta mecánica?

De Brasil, Sonia Rinaldi, presidenta de la Asociación Nacional de Transcomunicadores (ANT), con 20 años de experiencia en el área espiritual y dos publicaciones sobre la TCI, recibe mensajes por teléfono y radio. En 1988, Rinaldi inició su labor en el campo de la TCI. En 1990 se fundó la asociación de transcomunicadores en Brasil y, en 1992, se realizó un congreso similar al llevado a cabo aquí. En esos momentos, su objetivo era ligarse a una estación del más allá; mientras tanto, recibían los mensajes de «Río del Tiempo» a través del centro de Luxemburgo. Poco después, Constantin Raudive informó vía telefónica a Sonia que Brasil ya contaba con su propia estación, denominada «Grupo Landell». A partir de ese momento, Rinaldi recibe mensajes importantes del más allá dirigidos a Brasil.

Rinaldi apuntó que la TCI ofrece pruebas objetivas de los fenómenos paranormales. En otros tiempos, los mensajes recibidos del más allá solo podían captarse a través de personas muy sensibles a lo paranormal: médiums y videntes que no podrían ofrecer otra prueba que su testimonio personal, descartado sistemáticamente por los científicos por motivos obvios —pueden confundirse con charlatanería, alucinaciones causadas por enfermedades mentales, etc.—. Hoy en día, las pruebas que ofrece la TCI son objetivas, susceptibles de ser reproducidas y producto de experiencias colectivas.

Comentó que hay dos tipos de contactos: locales (las voces son más parecidas a la voz humana, por lo tanto, el número de hercios de una y otra son similares) y obtenidos a través de una estación emisora del más allá. Presentó pruebas científicas de un análisis acústico comparativo de voces humanas y paranormales cuyos resultados asignan a la voz humana de 100 a 300 hercios (Hz), y a la voz paranormal de 500 a 1400 Hz o más.

Explicó que mientras aquí aumentan los miembros de la asociación de transcomunicadores, en el más allá crece en paralelo la estación, pues cada miembro trae consigo a sus seres queridos fallecidos y a aquellos con quienes entra en contacto. La comunicación mejora con el crecimiento del grupo. Los objetivos de la asociación de transcomunicadores de Brasil son: aumentar el número de miembros; mantener a los integrantes informados, enviándoles noticias de diversas fuentes; incentivar la investigación individual y mantener un intercambio con todos los centros de TCI del mundo.

Finalizó su intervención con un mensaje:

> *Deseo que nuestros amigos mexicanos pronto puedan establecer contactos y que formen un nuevo eslabón en la red mundial. Ojalá este lindo país se incluya en ese trabajo que busca dispersarse en la humanidad para realzar el espíritu y traer nuevos horizontes al ser humano.*

De hecho, todos los ponentes reiteraron esta invitación. Después de todo, si algo ha distinguido a los mexicanos a lo largo de la historia, es nuestro gran patrimonio espiritual.

Fin del resumen del Primer Congreso de Transcomunicación Instrumental en México

El comité de apoyo del congreso, encabezado por Leticia de Garduño, estaba compuesto por empleados del DIF y voluntarios. Susana Guadarrama, la directora general del DIF Toluca, y Roberto Martínez, director de administración de esta institución, fueron los «pilares» de dicho comité. Al término del congreso, expositores y organizadores visitaron las pirámides de Teotihuacán y la ciudad de Taxco.

Cierta noche, en la habitación de Jules y Maggy Harsch-Fischbach, su computadora personal, aunque estaba apagada, registró este mensaje con varios signos de reconocimiento que permitirían identificar a los firmantes:

Ne nous pleurez plus
car nous sommes dans la lumière.
Nous pouvons toucher les couleurs
et voltiger sur la musique.
L'amour et la beauté
ne sont qu'un ici.
Nous sommes auprès de vous
pour le reste de vos jours.
Karine et Paulina 28-10-97 01:43 Groupe Kagan

No nos lloren más
pues estamos en la luz.
Podemos tocar los colores
y revolotear sobre la música.
El amor y la belleza
no son más que uno aquí.

Estamos cerca de ustedes
para el resto de sus días.
Karine y Paulina, 28-10-97 01:43 Grupo Kagan

De regreso a Luxemburgo y a petición nuestra, Maggy verificó por TCI con Swejen Salter por qué Karine y Paulina (la hija de unos asistentes al congreso, quienes habían confiado a Maggy la foto de Paulina) habían firmado el mensaje juntas. La respuesta fue: «El texto está dirigido a todos los padres que perdieron un hijo. Perteneciendo al mismo grupo, cada uno de ellos hubiera podido enviar el mismo mensaje».

Recordemos que Karine había mencionado en el texto de su transimagen que en este grupo, constituido por jóvenes con afinidades, se les enseñaban los secretos de la vida. Pensamos que nuestros medios son aún muy limitados para capturar todos los mensajes que nuestros seres queridos nos envían y para entender el concepto de su vida; por ejemplo, este grupo debe tener una amplitud que no podemos imaginar en la Tierra y, junto con otros grupos del mismo interés, evolucionar hacia la vida eterna.

La clausura del congreso se realizó dentro de la tradición mexicana, con la presencia de las autoridades, de los expositores y de los organizadores del DIF de Toluca en el hotel Quinta del Rey, cuyos propietarios, Rubén y Norma Martínez, generosamente ofrecieron a los expositores hospedaje gratuito durante los siete días de su estancia en México, sabiendo que cualquier ahorro en los gastos sería capitalizado en favor de las personas desprotegidas. En efecto, su colaboración permitió un mayor beneficio en el balance del congreso y el financiamiento de proyectos para los discapacitados a través del sistema municipal DIF de Toluca.

L. Cárdenas de Garduño, presidenta del DIF Toluca

A. Garduño, L. Garduño, Y. Dray y los esposos Harsch-Fischbach

Los expositores y los organizadores del congreso TCI

Jaime Maussan con A. Garduño y su esposa

Los expositores del congreso TCI

Jaime Maussan inaugura el evento

10
Karine: Asociación Mexicana de Transcomunicación Instrumental A.C.

A raíz del congreso de TCI en México y a petición de los participantes, el 21 de noviembre de 1997 se efectuó el primer trámite formal para la constitución de una asociación nacional de TCI. Confiamos a la Notaría n.º 2 en Lerma (Edo. de Méx.) el aspecto legal de las escrituras. El licenciado Nathaniel Ruiz Zapata tuvo la generosidad de realizar todos los trámites y actas en forma gratuita. Considerando que Karine nos guio en el camino espiritual, el nombre de la asociación fue propuesto por los miembros iniciadores.

Un día antes de la fecha citada anteriormente, operaron a Yvon de tres coronarias. Humberto Waibe y otros colaboradores dedicaron lo mejor de sí para que este proyecto se hiciera realidad. Los objetivos de la asociación pueden resumirse así:

- Ayudar a las personas en duelo a través de la enseñanza de la TCI.
- Editar y difundir una revista trimestral en relación con los acontecimientos de la TCI a nivel nacional e internacional.
- Organizar conferencias y congresos de TCI.
- Investigar el fenómeno de la TCI.

Al final del año 2000, teníamos registradas a 450 familias en la asociación, provenientes de 24 estados de la República Mexicana, EE. UU., Argentina, Colombia, Suiza y Francia. Hoy son miles las personas en México y en los países citados que encontraron alivio y esperanza gracias a la TCI, pues saben que sus seres queridos se encuentran vivos y bien, en el amor de Dios, en un estado espiritual y en otro plano de existencia desde luego, en donde los alcanzaremos para la vida eterna al llegar nuestra hora.

En los miles de contactos logrados por los miembros de la asociación, hay muchísimos signos de reconocimiento que nos envían nuestros seres queridos. No olvidamos, también, que nuestros invisibles están al origen de estos contactos y que los aprecian.

En términos de investigación, aunque existen muchas evidencias sobre el fenómeno en el mundo, hasta la fecha esta área se ha desarrollado de manera individual o en grupo a través de las asociaciones de TCI. En efecto, la ciencia moderna estudia solamente los mecanismos del cuerpo físico. Los científicos no siempre entienden que el cuerpo físico no constituye, por sí solo, nuestro ser. El 25 de febrero de 1999, por primera vez en la historia de la TCI, el INIT (International Network for Instrumental Transcommunication) —del cual somos delegados en México—, encabezado por el doctor A. Klein, Jules Harsch y Mark Macy, firmó un acuerdo de cooperación de investigación científica para la TCI con The Nathal Institute (centro científico europeo de gran prestigio). Por razones económicas, este proyecto está, a la fecha, bloqueado desafortunadamente. Los presupuestos de todos los países para la muerte (guerras) son muy elevados, pero no existen para la vida espiritual.

Un objetivo a corto plazo es para nosotros organizar el segundo congreso internacional de TCI en Toluca. La fecha propuesta es el 8 y 9 de abril del año 2000, con la participación de los mejores investigadores del mundo, incluyendo esta vez los testimonios de transcomunicadores mexicanos y argentinos. Considerando que la técnica de TCI evoluciona rápidamente, este congreso se proyecta, desde ahora, como muy atractivo.

Lucía Galán aceptó ser nuestra invitada de honor. Debemos recordar que ella, con su hermano Joaquín, fundó hace unos años el Hogar Pimpinela para la Niñez, institución caritativa que responde a la problemática de los niños maltratados y abandonados. Qué buen ejemplo de sensibilidad y ayuda concreta a personas que sufren. En nuestras felicitaciones y agradecimientos, asociamos a la madre de Lucía y Joaquín, la señora Engracia, con quien tuvimos la oportunidad de convivir en varias ocasiones en Buenos Aires.

La promoción del congreso iniciará en junio de 1999, o sea, con casi un año de anticipación. Seguimos solicitando apoyo financiero de patrocinadores, aunque las respuestas sean muy escasas. Nuestra expectativa es lograr algún beneficio económico para apoyar los proyectos para niños discapacitados a través del DIF Toluca, así como disponer en la asociación de más recursos y equipos, pues con la cuota mínima de los asociados alcanzamos apenas a producir la revista trimestral, teniendo, por otra parte, muchos otros gastos de funcionamiento.

En las actividades de la asociación, la enseñanza de la TCI, la publicación de la revista y la organización del segundo congreso se llevaron a cabo gracias a la disponibilidad de algunos asociados, quienes utilizaron su tiempo libre para ayudarnos en esta tarea. Que Dios los bendiga, así como a su familia.

Desafortunadamente, la falta de constancia y de perseverancia en asesorarnos, así como problemas de recursos económicos, generó a fines del año 2000 un cambio de fórmula de funcionamiento, como lo pueden observar en el aviso de la asamblea general adjunto. Por supuesto, como matrimonio seguimos nuestra misión en forma individual, pero es evidente que esta situación perjudica a las personas que, sin duda, necesitan de un apoyo más profundo por parte de una asociación estructurada.

Aviso

En la Asamblea General Extraordinaria de KARINE, Asociación Mexicana de Transcomunicación Instrumental, A.C., que tuvo lugar el sábado 25 de noviembre de 2000, se decidió por unanimidad suspender las actividades de dicha asociación, cuya fecha de inicio fue el 21 de noviembre de 1997, siendo el matrimonio Dray sus fundadores.

Los motivos principales son:

- Deserción de los miembros de la mesa directiva.
- Falta de apoyo de los asociados en las tareas cotidianas: elaboración de la revista «La Mariposa», enseñanza de la TCI, atención al público y aspectos administrativos.
- Cuentas financieras deficitarias (auditadas externamente).
- Sin embargo, el matrimonio Dray seguirá su misión de ayuda a las personas en duelo en la medida de sus posibilidades y a través de:

    1. Contestación a los correos electrónicos que merecen y requieren nuestra atención.
    2. Reuniones de enseñanza de TCI en Toluca, abiertas al público, bajo requisitos de inscripción y según fechas y modalidades anunciadas en la página de internet.
    3. Conferencias de TCI en toda la República Mexicana y en América Latina que el público se comprometa a organizar. Los interesados en realizar dichos eventos

pueden enviarnos un correo electrónico para acordar con nosotros fechas y modalidades específicas.

4. Congresos internacionales de TCI en Toluca según fórmula adaptada a nuestros recursos humanos y económicos. Dichos eventos serán también coordinados con los interesados.

Karine
Asociación Mexicana de Transcomunicación Instrumental, A.C.

11
La importancia de los medios de comunicación para el desarrollo de la TCI

Hace tiempo, en una revista europea, el autor de un artículo sobre la TCI mencionó que conocía un solo periodista que había conducido un programa serio y objetivo sobre el tema. Obviamente tiene razón respecto de lo observado en su entorno, pero su visión del periodismo es incompleta y podrá verificarlo a través de esta nota.

Sin los medios de comunicación mexicanos y de América Latina, nunca habríamos logrado los satisfactorios resultados del congreso y de la asociación. Estamos en una situación inversa a la que se vive en Europa. Aquí los periodistas siempre han sido respetuosos y sensibles hacia el fenómeno TCI, preocupados por informar seria y objetivamente a su público. Nos han hecho entrevistas muy profesionales. Nunca han intentado ponernos en dificultades, aunque sí nos han pedido, legítimamente comprometidos con la veracidad, evidencias y referencias de lo que declaramos.

A nombre propio y en el de las personas que encontraron esperanza, fe y alivio por la pérdida de un ser querido, agradecemos su apoyo a los productores, conductores y autores de programas y notas de televisión, radio y prensa; y continuaremos informándoles de los avances de la TCI, como nos lo pidieron en varias ocasiones.

A continuación, el lector hallará la cronología de algunas de las más de 150 entrevistas que sobre la TCI nos han hecho en programas de televisión, radio y prensa escrita.

Antes del congreso...

16/12/96	TV Mexiquense	Félix en Directo con Félix García	20'
28/01/97	TV Mexiquense	Félix .en Directo con Félix García	20'
18/03/97	TV Azteca	Casos sin respuesta con Juan Chía	15'
10/04/97	TV Mexiquense	Félix en Directo con Félix García	20'
22/05/97	TV Mexiquense	Félix en Directo con Félix García	20'
04/08/97	TV Mexiquense	Félix en Directo con Félix García	20'
4, 5 y 6/08/97	Televisa	Tercer milenio con Jaime Maussán	60'
17/09/97	TV Mexiquense	Félix en Directo con Félix García	20'
23/09/97	Radio Acir México	A voz alta con Flor Berenguer	60'
25/09/97	TV Mexiquense	Félix en Directro con Félix García	20'
		Asistimos con Irma Leticia Cárdenas de Garduño	
25/09/97	Radio Acir Toluca	Noticiero, con Guillermo Garduño	10'
25/09/97	Radio Así Sucede	Noticiero, Toluca con Luis Pantoja	10'
02/10/97	Radio Fórmula	Con Jorge M. Hernández	90'
06/10/97	TV Azteca	Hola México con Cristina Urrutia	10'
15/10/97	Televisa	Al ritmo de la noche, con Jorge O. de Pinedo	20'
23/10/97	Radio Centro	Con Giuseppe Amara	15'

23/10/97	Televisa	Hoy mismo, con Guillermo Ochoa (Asistimos con F. Brune)	90'
23/10/97	Radio Acir	A voz alta, con Flor Berenguer	60'
23/10/97	Radio Así Sucede	Noticiero, Toluca con Luis Pantoja.	15'
23/10/97	Televisa	Tercer Milenio, con Jaime Maussan y Daniel Muñoz.	90'
23/10/97	TV Mexiquense	Félix en Directo, con Félix García.	20'
23/10/97	Varios	Rueda de prensa con todos los expositores	60'
24/10/97	Televisa	Al despertar, con Guillermo Ortega (Asistimos con F. Brune)	25'
25-26/10/97	Televisa	Tercer milenio, con Jaime Maussan y Daniel Muñoz (Filmación congreso)	2 días
27/10/97	Televisa	Al ritmo de la noche, con Jorge Ortiz de Pinedo (Asistimos con F. Brune y S. Rinaldi)	20'
30/10/97	Radio Acir Toluca	Noticiero, con Guillermo Garduño	10'
01/11/97	Televisa	Al despertar más, con Mayra Saucedo (Asistimos con F. Brune, Jocelyn Arellano y C. de Sayve)	20'
08/11/97	Televisa	Al despertar más, con Mayra Saucedo (Asistimos con Jocelyn Arellano y C. de Sayve)	20'
23/01/98	Radio Fórmula	A voz alta con Flor Berenguer	20'
26/01/98	Televisa	Umbrales con Leticia Vivanco	60'
04/05/98	Televisa	Hoy mismo con Guillermo Ochoa	20'
11/05/98	TV Azteca	Con sello de mujer	10'
13/05/98	Televisa	Al ritmo de la noche con J. Ortiz de Pinedo	20'
19/05/98	Radio Centro	Entre nos con Mayra Saucedo	15'
29/05/98	Radio	La otra realidad con Sergio Ruiz	60'
04/06/98	Telemundo	Él y ella con Guillermo Quintanilla y Sofía Webber	60'

12/06/98	Canal 22	Entre tú y yo (Los Ángeles)	30'
15/06/98	TV Azteca	Hola México con Julia Palacios	15'
02/07/98	Telemundo	Sevcec (Miami) con Pedro Sevcec	15'
18/08/98	Tele Fe	Hola Susana (Buenos Aires) con Susana Giménez	15'
30/09/98	Canal 12	Hola El Salvador con Graciela Meléndez	20'
01/10/98	Radio El Mundo	Con Betty Suárez (El Salvador) Betty Suárez	45'
30/10/98	Televisa	Hoy con Alfredo Adame	15'
04/11/98	Testimonio Tv	Con Jorge Andrés Gallo (Bogotá)	5'
17/11/98	Almorzando	Con Myrtha Legrand (Buenos Aires)	90'
01/02/99	Radio France Culture	Con Sra. David (París)	60'
09/03/99	Crónica TV	(Buenos Aires)	25'
12/03/99	MoveteTV	Carmen Barbieri (Buenos Aires)	15'
15/03/99	Un mundo mejor TV	Con Claudio M. Domínguez (Buenos Aires)	30'
22/08/99	Radio Acir	Con Piri Gay	60'
01/09/99	Radio Caracol	Con Fabio Zerpa (Miami)	15'
08/10/99	Radio Mexiquense	Con Benjamin Araujo	30'
01/11/99	TV Azteca	Hechos de la mañana con Ana María Lomeli y Ramón Fregoso	15'
08/10/99	Radio Mexiquense	con Benjamin Araujo	30'
01/11/99	TV Azteca	Hechos de la mañana con Ana María Lomeli y Ramón Fregoso	15'
01/11/99	TV Azteca	Con Sello de Mujer con Teresa Bermea	15'

02/11/99	Radio Acir	Panorama con Guillermo Ochoa	10'
11/11/99	TV C'able	Mujer y Vida con Connie Teutli	15'
14/11/99	Radio Acir	Con Piri Gay	60'
17/02/00	TV Mexiquense	Noticiero	15'
24/03/00	Radio 13	Con Yohanan Díaz	30'
25/03/00	Radio Rasa	Con Luis Ramírez Reyes	30'
26/03/00	Radio ABC	Con Jaime Maussan y Daniel Muñoz	15'
27/03/00	TV Azteca	Con Sello de Mujer con Teresa Bermea	15'
31/03/00	Radio Televisa	Con Adriana Riveramelo	15'
05/04/00	TV Meiiquense	Noticiero	15'
06/04/00	Infinito	Con Horacio Embón (Asistieron F. Brune y P. Amoros en Argentina)	60'
06/04/00	Radio Centro	Con Giusseppe Amara (Asistieron P. Presi y R. Determeyer)	60'
06/04/00	Radio Centro	Presagio con Eleonora Moreno (Asistió P. Amorós)	60'
07/04/00	Tele.visa	Día con Día con Mayra Saucedo (asistió P. Amoros)	15'
07/04/00	TV Azteca	Hechos de la Mañana con Ana María Lomeli y Ramón Fregoso (asistirnos con F. Brune)	15'
07/04/00	Televisa	Con Talina Femández (asistieron P. Presi y R. Determeyer)	30'
08/04/00	Televisa	Tercer Milenio	60'
11/04/00	Show de Cristina	Con Cristina Saralegui (Asistimos con F. Brune y E. Marín en Miami)	60'
18/07/00	Grupo Imagen	Hola Fernanda con Fernanda Familiar	15'
22/07/00	Radio Chapultepec	N. y J. García de L.	60'

09/08/00	Televisa	Hoy con Alfredo Adame	10'
30/10/00	RadioABC	Sentimientos con Lourdes Fernández	15'
01/11/00	TV Azteca	Con Sello de Mujer con Teresa Bermea	10'
03/11/00	RadioAcir	De Costa a Costa con Cesar Costa	30'
09/07/01	Telernundo	Ocurrió Así	10'
22/07/01	Radio 13 Enigma	Con Joel Bello	60'
18/08/01	Radio Mundo	Buena Hora con Rosalía Odi	60'

Muchos de los programas en que participamos se transmiten[21] también en varios países de América Latina, Estados Unidos y España. Sabiendo que se trata de un tema que naturalmente provoca escepticismo, siempre ofrecimos diversos elementos como signos de reconocimiento en las grabaciones, además de bibliografía y testimonios.

Merece reconocimiento especial la visión de Félix García, quien fue el primero en recibirnos y siempre se mostró dispuesto para presentar a su público nuestro material sobre el fenómeno TCI.

Uno de los programas que consideramos más completo fue conducido por G. Quintanilla y S. Webber en Él y Ella. Participaron también J. Arellano, C. de Sayve y Efrén Echeverry (Puerto Rico).

Jaime Maussan, con su programa Tercer Milenio, nos entrevistó varias veces en nuestro domicilio y cubrió el congreso en su totalidad. Su asistente, Daniel Muñoz, pudo confirmar en Italia con Paola Giovetti lo que afirmamos acerca de la TCI. Debemos reconocer el profesionalismo y la objetividad con que este programa abordó el tema.

21 *[E.]* Al momento de hacer esta reedición, ya no se transmiten.

Nos llamó también mucho la atención la espiritualidad de Teresa Bermea, Cristina Saralegui y Horacio Embón, por no poder citar a todos los conductores que merecen nuestro respeto.

Los conductores de cinco programas en que participamos admitieron haber experimentado manifestaciones de seres queridos desaparecidos. Una conductora confesó al aire haber recibido un mensaje de su padre vía telefónica.

Después de aparecer en Hoy mismo, con G. Ochoa, y a raíz de la intervención telefónica que realizó ese día Norma Lazareno, recibimos casi mil llamadas para pedirnos más detalles sobre el fenómeno. Lucía Galán nos recomendó con todos los programas de televisión en Buenos Aires. El impacto rebasó las expectativas y hoy muchísimos argentinos se interesan en este tema.

La prensa escrita nos atendió con la misma seriedad que la televisión y la radio; nos dedicaron espacios: El Sol de Toluca, El Demócrata y El Amanecer, así como Guillermo Garduño (que tuvo la gentileza de realizar la primera edición de este libro) y su equipo profesional de reporteros en El Diario.

Nuestro propósito siempre fue ofrecer esperanza y no engañar a la gente que sufre. No seríamos capaces de jugar con la memoria de nuestra hija. Nuestra cultura racional nos conduce a verificar sistemáticamente lo que más tarde presentaremos.

«No hay más ciego que el que no quiere ver», reza el refrán. Hoy existen muchas evidencias y literatura al respecto. Nuestros familiares espirituales quieren entrar en contacto con nosotros y a diario nos envían mensajes. Nos rodean permanentemente y nos inspiran en nuestras tareas cotidianas. A través de ellos muchas veces llega la creatividad a nuestra vida personal y profesional. Este mundo físico es solo una de las muchas dimensiones que existen. La lección es mantener la mente abierta, ser humilde, actuar con amor y nunca perder la fe.

Voces del más allá

Extraído de El Diario de Hoy, El Salvador, domingo 11 de octubre de 1998

Por Mauricio Vázquez Acosta

A las diez de la mañana del sábado tres de octubre, en la habitación de un hotel capitalino, desapareció mi incredulidad sobre la posibilidad de poder comunicarme con una persona ya fallecida.

Usando dos grabadoras sencillas y un micrófono, pude grabar voces que vienen del más allá.

La idea de escribir este reportaje cobró mucho interés cuando me enteré de que llegaba al país una pareja de esposos franceses que asegura tener pruebas de que se comunican con su hija fallecida desde hace tres años. La noche del viernes dos de octubre me reuní con los esposos Yvon y Maryvonne Dray, quienes me relataron la tragedia que sufrió su hija Karine, las manifestaciones paranormales que precedieron a su muerte y el desarrollo de una técnica para comunicarse con ella.

A pesar de respaldar su historia con documentos veraces, mi incredulidad, unida a mi curiosidad, hicieron que les pidiera una prueba más concreta: que me permitieran participar en una de las sesiones en las que aseguran tener comunicación con su hija fallecida. Los esposos Dray aceptaron con gusto y acordamos reunirnos a las 10:00 de la mañana del día siguiente en la habitación del hotel en que estaban hospedados.

Antes de despedirme, Yvon se percató de que yo estaba leyendo el libro *El más allá existe*, del italiano Lino Sardos Albertino.

—¡Qué interesante, yo también estoy leyendo ese libro, solo que en francés! —me dijo.

Yo contesté:

—Ah, vaya, qué casualidad.

Él replicó:

—No es una casualidad, el azar no existe, todo tiene un significado; usted lo comprobará mañana.

En la mañana del sábado llegué al hotel con papel y lápiz en mano y un casete nuevo, sellado, que utilizaríamos para grabar la conversación que tendríamos con el más allá. Mientras llegábamos por ascensor al quinto piso del hotel, pensé: «Pierden el tiempo; estando yo presente no se va a escuchar nada. Estas son cosas para los que ya están prejuiciados».

Ya en la habitación, mientras ellos sacaban dos sencillas grabadoras, me di a la tarea de inspeccionar el lugar para estar seguro de que no hubiese nada que pudiera servir para engañarme.

Inicia la sesión

Por las ventanas de vidrio entraba la claridad de la mañana. Nos sentamos alrededor de una mesa, sobre la cual los esposos Dray pusieron las dos grabadoras y una fotografía de su hija Karine. Coloqué mi casete nuevo en una de las grabadoras, mientras que en la otra colocaron otro que ya tenía grabado un ligero ruido de fondo (soporte), sobre el cual —según ellos— las entidades del más allá modularían su voz.

A esta técnica electrónica se le conoce como Transcomunicación Instrumental (TCI). Las grabadoras se activaron, una emitiendo el ligero ruido de fondo (una caída de agua) y la otra grabando cualquier sonido a través de un micrófono omnidireccional. En medio de un silencio total, comenzamos la tarea de intentar comunicarnos con entidades del más allá de la siguiente manera.

La señora Dray dijo con voz clara:

—Sábado tres de octubre de 1998, Maryvonne Dray les está hablando. Los saludamos a todos, nuestros seres de luz que se fueron, a Karine obviamente. Saben que los queremos, que rezamos por ustedes todos los días y pedimos a Dios que nos permita la posibilidad de tener respuestas en esta cinta.

Después de esas palabras, la señora Dray dirigió la primera pregunta a su hija Karine, quien murió en 1995, a los 21 años.

Las preguntas

—Por favor, Karine, confírmanos, dinos alguna palabra, dinos algo bonito que nos ayude. Habla.

Antes de formular otra pregunta, dejamos pasar dos minutos en silencio mientras la cinta del casete seguía grabando. La señora Dray volvió a decir:

—Karine, yo sé que estás aquí en esta pieza en este momento y quisiera pedirte que, si hay alguien contigo, le ayudes a decir su nombre o alguna señal de reconocimiento. Puede ser algún familiar de los que están aquí. Por favor, ayúdalo a darnos alguna señal. Habla.

De la misma forma anterior, dejamos pasar los dos minutos de silencio antes de formular la tercera pregunta. La señora Dray continuó diciendo:

—Karine, alguna cosa que nos puedas decir o describir del lugar donde estás. Habla.

Volvimos a dejar pasar dos minutos de grabación para posibles respuestas y fue el momento en que a mí me correspondió hacer una pregunta. Dije:

—Karine, para el reportaje que voy a realizar necesito de la ayuda de ustedes, de ti especialmente, para que se cumpla el objetivo de que la gente sepa que existe la vida después de la muerte. Habla.

Mientras pasaban los dos minutos de silencio en espera de alguna respuesta, clavé mi mirada en el retrato de Karine y, sin saber por qué, desde el fondo de mi corazón dije:

—Karine, dicen que eres muy feliz después de haber muerto. Si es así, qué diera yo por estar allí. Sabes, a veces ya no soporto los desafíos que me hace la vida, me siento derrotado. No soy feliz.

El silencio volvió a inundar la habitación, hasta que la voz del señor Dray dijo:

—Karine, independientemente de que obtengamos respuestas o no, siempre te amamos, rezamos por ti y sabemos que eres feliz. Esperamos el día en que nos encontremos contigo.

Después de esas palabras, dejamos pasar los últimos dos minutos de grabación y nos dispusimos a escuchar la grabación.

Retrocedimos el casete y escuchamos con atención la cinta grabada. Las preguntas estaban completamente claras; después de la primera que formuló la señora Dray, no se escuchó nada. Oímos la segunda pregunta y luego sucedió algo inexplicable que erizó mi piel: se escuchó una voz cavernosa que dijo:

—*Ça va tout gâcher.*

Frase en francés que, traducida al español, significa: «Lo va a estropear todo».

Después de la tercera pregunta no se escuchó nada. Yo aún no salía de mi asombro cuando escuchamos la parte en que le pedí una señal para escribir el reportaje. Claramente oí una voz femenina que dijo:

—Soy yo.

¡No lo podía creer! Por eso pedí que retrocedieran la cinta tres veces; sin embargo, la voz continuaba allí diciendo: «Soy yo».

—Es la voz de Karine —dijeron los esposos Dray.

La sesión continuó. Completamente nervioso, escuché la parte en que le expresé que me sentía derrotado y la misma voz femenina dijo con un tono de mando:

—Lucha.

La última frase que oímos en la grabación estaba después de las palabras que dijo el señor Dray. La voz de Karine dijo:

—Los amo.

La reunión en el hotel terminó y llevé el casete a mi casa. En la noche de ese mismo sábado, en la soledad de mi dormitorio, me puse a escuchar la grabación. Las preguntas y las respuestas las escuché con más claridad.

¿De dónde vinieron esas voces? Si yo no hubiese estado en la sesión, diría que todo es charlatanería; sin embargo, fui testigo fiel de que esas voces vinieron del más allá.

KARINE

Historia de una joven que se comunica desde el más allá (extracto)

Por J. G. Aguilera R.

Periodista en Chile.

Karine Laetitia Dray Gamot nace el viernes 19 de abril de 1974 a las 16:30 horas de México, en el Sanatorio Toluca. Allí comienza la vida de una bella joven, hija de padres franceses, de quien de ninguna manera se puede decir, en los términos a los que estamos acostumbrados, que «fallece» la mañana del sábado 2 de diciembre de 1995.

Cuando, de una manera bastante especial, comenzaron a llegar a mis manos distintas publicaciones sobre la Transcomunicación Instrumental, no pensé que tuviesen la repercusión que tuvo el número 39 de la revista electrónica de Gustavo Fernández, Al filo de la realidad.

Las TCI son técnicas de comunicación con personas que pasaron la etapa de la muerte, demostrando que existe una continuidad de la conciencia en un cuerpo de características similares. Existen en todo el mundo varias organizaciones que se dedican al apoyo a personas que perdieron seres queridos y que facilitan que estas comunicaciones se realicen.

En Chile existen casos comprobados de la presencia, ante familiares y conocidos, de personas fallecidas a las que inclusive llegaron a tocar y con las que hablaron en forma normal; pero que, luego de haber comparado fecha y hora del fallecimiento, se llega a la conclusión de que esa persona estaba muerta.

Pero volvamos a la historia de Karine. En términos de las TCI, se denomina «transición» al momento del fallecimiento.

Ese día 2 de diciembre de 1995 fue la transición de Karine; todo esto se detalla muy bien en el libro *Karine* o *El vuelo de la mariposa: Mensajes del más allá con la técnica de Transcomunicación Instrumental.*

El libro fue escrito por sus padres, Yvon y Maryvonne Dray, quienes presiden la actual organización Karine Asociación Mexicana de Transcomunicación Instrumental, A. C. Esta organización publica la revista La Mariposa, de carácter trimestral, donde tienen su espacio personas que se dedican a la investigación y difusión de las comunicaciones por medios electrónicos con el mundo donde habitan las personas fallecidas.

Esta revista es sumamente interesante; en ella también se muestran fotos paranormales y se enseñan las técnicas de transcomunicación, accesibles para cualquier persona interesada en las mismas. También informa sobre los congresos que se realizan en todo el mundo sobre las TCI. Tanto en el libro como en la revista encontramos los asombrosos datos que, mediante esta joven de 21 años de nombre Karine, aportan una prueba relevante de la realidad de la existencia después de la muerte de nuestra personalidad, que sigue su proceso de evolución espiritual.

Karine, en mensajes transmitidos a su madre por el sistema de escritura automática publicados en este libro, nos hace saber cómo es la vida después de la vida en ese otro mundo, donde las personas fallecidas no sufren, son felices y ocupan su tiempo en aprender cosas para ayudar a quienes se quedaron en la Tierra. Ella nos hace saber que no debemos sufrir por los seres queridos que partieron y que debemos utilizar la fe y el amor para poder comunicarnos con ellos; que esto es posible y fácil de llevar a cabo.

Yo declaro públicamente haber tenido una respuesta personal y privada por parte de Karine —que me reservo—, dando testimonio de que encontré una de las respuestas principales a mi búsqueda. Si bien en el tema de las TCI puede haber, como en la investigación del fenómeno ovni, toda una extensa gama de variables —algunas de ellas discutibles—, el porcentaje aportado por Karine AMTI, A. C., a favor de la realidad de la transcomunicación instrumental es bastante importante. Invito a todos los lectores de este artículo a tomar contacto con ellos: primero en el campo de lo personal y, en segundo plano, en el de investigadores (quienes se dediquen a esto).

Muchas gracias, Karine Laetitia Dray Gamot. Cuando llegue nuestro tiempo de partir, ya tenemos a alguien más que nos espere del otro lado; mientras tanto, sigue contándonos qué nos espera por allí...

J. G. Aguilera R.

Televisa - Noticiero "Al Despertar" - 23 de octubre de 1997.
Padre F. Brune, G. Ortega, y Y. Dray y F. Fortunio.

TV Azteca - "Con sello de mujer" - con Teresa Bermea
el 1 de noviembre de 1999.

TV Azteca - Noticiero "Hechos de la mañana" - con Ana María Lomelí y Ramón Fregoso el 1 de noviembre de 1999.

Radio Acir - Noticiero "Panorama" con Guillermo Ochoa el 2 de noviembre de 1999.

Televisa "Hoy" con Alfredo Adame
el 9 de agosto del 2000.

Infinito - Horacio Embón e Yvon Dray
el 6 de abril del 2000.

12
Segundo Congreso Internacional de Transcomunicación Instrumental en México

Sábado 8 y domingo 9 de abril de 2000.

Adjunta encontrarán la información básica del congreso citado. Los mejores investigadores del mundo, quienes presentarán los estudios y análisis más adelantados sobre el fenómeno TCI, fueron invitados a este evento. Por motivos personales, el matrimonio Harsch-Fischbach no pudo acompañarnos, desafortunadamente.

2.º Congreso Internacional de Transcomunicación Instrumental (TCI) en México

LA VIDA DESPUÉS DE LA VIDA

Sábado 8 y domingo 9 de abril de 2000

En el Teatro Morelos de la ciudad de Toluca

KARINE Asociación Mexicana de Transcomunicación Instrumental, A. C.

Delegados en México del INIT (International Network for Instrumental Transcommunication)

Definición de la TCI

Técnica electrónica de comunicación con nuestros seres queridos en otro plano de existencia, dentro de principios de moral y ética, que nos hace comprender mejor el sentido de la vida.

Expositores

- R. P. François Brune (Francia): Sacerdote. Profesor de grandes seminarios. Autor del best seller mundial Los muertos nos hablan y de En directo del más allá con el Prof. R. Chauvin.
- Doctora Paola Giovetti (Italia): Periodista e investigadora de TCI. Autora del libro El mensaje de la esperanza.
- Doctor Ralf Determeyer (Alemania): Desde 1974 estudia el fenómeno de la TCI. Es especialista en fotobiología ultravioleta. Recibe mensajes por teléfono y vía radio.
- Doctor Pedro Amorós (España): Presidente de la Sociedad Española de Investigaciones Parapsicológicas (SEIP). Considerado uno de los más documentados investigadores del mundo.
- Ing. Paolo Presi (Italia): Investigador científico en TCI. Miembro de honor del Instituto Parapsicológico de Florencia.
- Maryvonne e Yvon Dray (México): Presidentes de KARINE AMTI, A. C. Autores del libro *Karine o el vuelo de la mariposa*. Presidentes del 2.º Congreso TCI en México.
- Invitada de honor: Lucía Galán (Argentina)
- Invitada especial: C. P. Irma Leticia Cárdenas de Garduño Presidenta del Sistema Municipal DIF Toluca.

Temario

1. Grandes mensajeros y predicciones.
2. Historia, evolución y alcance de la TCI.
3. Antecedentes de la TCI en México.
4. Experiencias cercanas a la muerte (ECM/NDE).
5. Hijos de luz: los ángeles.
6. Enseñanza de las técnicas y métodos de TCI por grabadora y computadora.
7. La TCI como ayuda a personas en duelo.
8. Niveles y grupos del más allá: la religión y la TCI.
9. Promesas post mortem y pruebas de la TCI.
10. Las manifestaciones de la TCI en Teotihuacán.
11. Investigaciones científicas y análisis del fenómeno.
12. Cómo vivir su espiritualidad en lo cotidiano.
13. Testimonios mexicanos y de América Latina.
14. KARINE AMTI, A. C.: objetivos y actividades.

Yvon, Lucia y Maryvonne.

Los expositores del Congreso TCI en la piramide
Calixtlahuaca el 6 de abril de 2001.

Conferencia de prensa.

Recepción en la Municipalidad de Toluca.

Los expositores en el teatro Morelos.

Le Figaro Magazine, reconocido periódico cultural francés, nos hizo la sorpresa y el honor de enviar a Didier van Cauwelaert, escritor premio Goncourt, para cubrir el 2.º Congreso Internacional TCI en Toluca.

No podíamos encontrar mejor resumen en calidad de escritura y objetividad para describirles como fue percibido el evento.

Didier Van Cauwelaert.

La explosión de lo paranormal

Por Didier van Cauwelaert

Extraído de un estudio realizado por Leopold Sánchez para el periódico francés Le Figaro Magazine del 15 de abril de 2000. Con la colaboración de la emisora Radio Europe 1.

- ¡La señora Irma y su bola de cristal forman parte del pasado!
- Red numérica o internet: las nuevas tecnologías cambian el acercamiento a lo sobrenatural.
- En este inicio del tercer milenio, lo paranormal nunca se ha portado tan bien.
- Con 10 millones de consultantes para, aproximadamente, 100 mil profesionales de las artes adivinatorias, nuestro país está a la cabeza del pelotón mundial.
- A pesar de los progresos de la ciencia, los hombres mantienen una gran atracción por lo irracional.

Mesas giratorias, videncia, telepatía, premoniciones, apariciones, milagros... El eterno debate sobre lo paranormal pone de espaldas a alérgicos y creyentes, quienes se interrumpen y se insultan inútilmente con el estribillo de «existe o no existe». Pero hay un terreno en el cual, tanto a los charlatanes como a los racionalistas obtusos, les da miedo aventurarse desde que los científicos lo han investigado: es la TCI, la transcomunicación instrumental.

Dicho de otra manera: la recepción de voces, de textos y de imágenes sobre una cinta magnética, impresora o televisor, cuyos físicos y especialistas en acústica tienen los medios para comprobar, no que vienen del más allá, sino que su emisión y su naturaleza no corresponden a ninguna fuente ni a ninguna ley conocida actualmente sobre la Tierra. Este campo de experiencias, en el cual las técnicas más modernas dan una segunda juventud al más viejo sueño de la humanidad —vencer a la muerte—, está en el centro del 2.º Congreso Internacional que abrió sus puertas en México.

—¿No funciona? —se preocupa el presidente dándole toquecitos al micrófono sobre el escenario del Teatro Morelos de Toluca, frente a un millar de espectadores.

Plácidos, los ponentes esperan desde hace una hora detrás de un mantel de fieltro verde sobre el cual los trabajadores terminan de colocar los logotipos de los patrocinadores: la cerveza Corona, Coca-Cola y el hotel Quinta del Rey, palacio neoazteca donde se aloja a los congresistas.

Estamos en México, donde los horarios son tendencias, la puntualidad una pérdida de tiempo y el protocolo una fuente de convivencia. El alcalde de Toluca —un millón de habitantes— bromea con sus administrados mientras resuelve algunos problemas de circulación y de política local. Luego de que la banda tocara el himno nacional, su esposa inaugura oficialmente el congreso agradeciendo a Karine por las informaciones nuevas que nos va a comunicar este año.

Karine Dray, de 21 años, francesa de origen y estudiante de Comercio Internacional, es la inspiración y el mascarón de proa de esta reunión de expertos procedentes del mundo entero. Ella falleció el 2 de diciembre de 1995 en un accidente automovilístico. Desde esa fecha, ella habla. Su madre Maryvonne, profesora de idiomas, y su padre Yvon, quien dirige la capacitación del personal de Alcatel para América Latina, vieron su vida volcarse dos veces: el día en que Karine falleció y unos meses más tarde, el día en que dejó su primer mensaje sobre la cinta magnética. Un murmullo en el cual se nombraba, llamaba a su madre y a su gata Magna, la cual le contestó de inmediato maullando, sin hacerse las preguntas que asaltaron a los señores Dray durante los primeros meses.

Voces provenientes del más allá

Hoy en día, la situación se ha tranquilizado. Los Dray ya no dudan de su juicio: Karine les habla casi todos los días de forma cada vez más clara, por escritura automática o por casete. Como prueba, al llegar al hotel el día anterior al congreso, me entretuve «provocando» a Karine frente a mi pequeña grabadora, pidiéndole hablar. Mientras me lavaba los dientes en el cuarto de baño, encontré sobre la cinta esta palabra enigmática:

—¡Mañana!

Al día siguiente, durante la sesión, pregunté a la joven muerta si era ella quien me había contestado el día anterior. La respuesta se hizo oír de forma muy distinta sobre la grabación magnética:

—¡Haz tu artículo!

Maryvonne instaló sus grabadoras, amplificadores y bocinas en el cuarto de «la pequeña», donde están siempre los peluches y los pósteres, testimonios de una adolescencia como las demás.

—Queridos amigos del más allá y, sobre todo, mi hija adorada —así es como empieza cada una de las sesiones de grabación—, ¡buenos días! Espero que Dios nos permita hablar otra vez hoy. Tienen un minuto: ¡hablen!

Y deja correr la cinta mientras está prendida la radio de ondas cortas en una estación en chino. Es el «soporte» que ella escogió. Ella me explica que los espíritus se cansan menos al reproducir las voces a partir de una fuente existente que si tuvieran que crearlas ellos mismos.

—Les simplifico la vida —dice con mucho humor.

Pues estas personas no están locas, no están obsesionadas ni apegadas a un recuerdo mórbido. Son normales, serenos, agradecidos y generosos; su propósito no es prohibir al alma de su hija descansar en silencio, sino aliviar la angustia de miles de padres que pudieron, gracias a ellos, recobrar el sentido de la vida al reanudar el contacto con el hijo que habían perdido.

Y aunque todo esto fuera ilusión, como dicen los escépticos —aunque no tengan razón al no reconocer las voces y admitir las pruebas que reciben (recuerdos comunes, palabras clave, apodos íntimos...)—, qué importa, ya que recobraron la paz y la transmiten a los demás.

Hasta hace poco, los Dray asistían a un famoso programa de radio mexicano titulado La muerte, un nuevo principio, patrocinado por una casa funeraria importante y dirigido hacia los radioescuchas enfermos en fase terminal o a punto de perder a un ser cercano, con el fin de prepararlos para lo ineludible e incitándolos a hospedarse de manera confortable en el más allá. Pero los mensajes de los desaparecidos, difundidos en directo por Yvon y Maryvonne, tuvieron un efecto pernicioso: los radioescuchas empezaron a invertir en material de audio en lugar de ataúdes de alta gama, y el patrocinador terminó quitando de la antena a este matrimonio.

Desde entonces, se dedican a la asociación que crearon, KARINE AMTI, y a la organización del congreso internacional que, cada tres años, da la pauta sobre el avance de las investigaciones, los testimonios, el contenido de los mensajes y la opinión de los expertos.

Aquí, en este teatro inmenso donde el buen humor se mezcla con la emoción, no se tiene la pretensión de convencer: solamente se trata de comprender. Las miles de grabaciones recolectadas en el mundo y las decenas de reportes de análisis por comentar movilizan la atención y las competencias de los invitados en este año: la italiana Paola Giovetti, doctora en Literatura, especialista en experiencias cercanas a la muerte y el poscoma; el español Pedro Amorós, experto en informática; el físico alemán Ralf Determeyer; el ingeniero italiano Paolo Presi y el sacerdote francés François Brune, autor, entre otros, de un libro apasionante que hace referencia a este tema: Los muertos nos hablan.

Un fenómeno que perturba a los racionalistas

A la inversa de lo que piensan los mal informados, a los cuales yo pertenecía, la TCI no es un fenómeno reciente. Parece que ante cada aparición de un nuevo medio de comunicación, los espíritus, ávidos de novedad, se apresuran a utilizarlo. De esta forma, la señora Monnier, durante la Primera Guerra Mundial, recibió una llamada telefónica de su hijo Pierre avisándole que acababa de morir, pero que todo estaba bien y que le escribiría muy pronto.

En 1921, Edison emprendió la construcción de un aparato para comunicarse con el más allá. Las malas lenguas dirán que murió antes de haberlo utilizado. El 17 de septiembre de 1952, el padre Gemelli, presidente de la Academia Pontificia de las Ciencias, trataba de filtrar cantos gregorianos con una grabadora de hilo que se rompía constantemente. Exasperado, exclamó:

—¡Oh, papá, ayúdame!

Como tenía la costumbre de hacerlo desde que había quedado huérfano. Terminada la reparación, escuchó de repente, en lugar de los cantos, la voz de su padre que le decía:

—¡Por supuesto que te ayudo, Zuccone, estoy siempre contigo!

Zuccone (en español, «calabaza») era el apodo que le daba su papá en vida. Espantado, el padre Gemelli fue a contar lo sucedido al papa Pío XII, quien lo tranquilizó:

—Es un hecho que no tiene que ver con el espiritismo; la grabadora es un aparato objetivo que no se puede influenciar. Esta experiencia podrá quizás suscitar estudios científicos que confirmarán la fe en el más allá.

Los primeros análisis serios empezaron en 1964 en el Instituto de Física de Northeim, y las conclusiones han sido confirmadas desde esa fecha por decenas de laboratorios. La frecuencia normal de una voz humana está situada entre 100 y 200 hercios; la voz «paranormal» se sitúa entre 500 y 1400 hercios. Las últimas investigaciones comprueban, además, que estas voces, privadas de frecuencia fundamental y de efecto de resonancia, son emitidas por individuos carentes de cuerdas vocales. En cuanto a la hipótesis de voces de síntesis fabricadas por computadora, es atractiva, pero no resiste ningún análisis. Nos queda, por supuesto, la explicación más sencilla: la de sonidos impresos en la cinta por el subconsciente de los transcomunicadores. Algunos racionalistas se aferran a ella. Es decir, ahí se han quedado...

¿Cuál es el contenido de estos mensajes? El bebé difunto «corrige» a sus papás.

La mayoría de los «oradores» pronuncian palabras de alivio para sus familias, palabras de amor, ideas generales y agradecimientos.

—Antes que todo, gracias por no haber creído que todo se había acabado —declara de esta forma Karine—. Podremos hacer cosas muy grandes gracias a su fe y su amor.

¿Los vivos serían útiles a los muertos? ¿Podrían influenciar su destino o viceversa? El testimonio más fuerte que pude oír en el congreso es el de Floris, un bebé fallecido a los 16 meses, quien se dirige a sus padres con una voz de una claridad impresionante; la voz de un niño de diez años (también se crece en el más allá), a veces con un dejo de voz de anciano. Su padre, ateo y cartesiano, que se había dejado caer en la depresión y el alcoholismo desde el drama, conectó una noche su grabadora en la sala a petición de su esposa, que acababa de leer una obra del padre Brune. Por la mañana, escucharon en la cinta este mensaje del cual reproduzco un corto extracto (el texto integral se encuentra en el libro A la escucha del más allá, de Rémy Chauvin y François Brune):

> *¡Buenos días, padre! Antes que todo, te amo. Pero me decepcionas. ¿Por qué tanta maldad hacia mi mamá? A veces me gustaría tomarla conmigo... Pero, antes, hazla feliz... Eres capaz de tantas cosas. ¡Entonces, trabaja! Y la bebida, ¿qué piensas de la bebida?*

El entusiasmo hacia los muertos es provechoso para los vivos

No es necesario decirles que el padre del niño se puso inmediatamente a beber agua y que todo cambió en su vida. Hoy en día, Vincent y Chantal Halczok, en relación constante con este niño quc los educa desde el otro mundo, han encontrado de nuevo el equilibrio, la fe y la sonrisa. Al igual que los Dray, crearon una asociación en Bélgica y organizan, los días 23 y 24 de septiembre en Houffalize, cerca de Bastogne, un congreso similar.

Analizada por decenas de expertos, la voz de Floris deja mudos a los más escépticos. Y no hablo de los numerosos casos de impresoras «pirateadas» por nuestros queridos desaparecidos, aunque estén apagadas. Es muy difícil, en estos tiempos, permanecer racionalista. Afortunadamente, tenemos siempre la solución de no saber nada, que sigue siendo la actitud más cómoda frente a estos fenómenos que queremos negar.

¿Qué conclusión sacar de todo esto? Dejaré la palabra final a Roberto, de 13 años, un mexicano jovial con una sola pierna. Él no entiende gran cosa de los discursos de los científicos, pero asistió al congreso por respeto: la obra caritativa presidida por la esposa del alcalde entregará parte de los beneficios de la venta de los boletos a los niños discapacitados. Dicho de otra forma: el interés hacia los muertos recae sobre los vivos desfavorecidos, y es quizás la moraleja que debemos sacar de este evento.

En cuanto a juzgar si las voces que hemos escuchado —tan reales como inexplicables— provienen del más allá, cada uno es libre de interpretar lo que la ciencia no puede más que constatar, verificar y poner en cifras. Para Roberto no es un problema. Camina mucho mejor con sus muletas desde que su papá, a quien no conoció, le dijo a través de su radiocasete portátil que después de su muerte volverá a encontrar su pierna izquierda. Y, a fin de cuentas, qué importa si no hay un «después»: lo esencial es que, «antes», habrá caminado mejor.

La Iglesia ya no se opone a la evocación de los espíritus

Entrevista al padre Brune por Didier van Cauwelaert

Didier van Cauwelaert: ¿Cuál es su recorrido?

François Brune: Bachillerato en Latín y Griego, licenciatura en Teología y Escrituras Santas. Ordenado sacerdote en 1960, fui profesor de seminario mayor durante siete años. Desde esa fecha, me dedico a mis investigaciones en Teología, estudio las tradiciones místicas de las grandes religiones y constato cada vez más convergencias con los descubrimientos de la ciencia moderna.

Didier van Cauwelaert: ¿Por qué se interesó en la transcomunicación?

François Brune: Por un lado, los teólogos decían en ocasiones cada vez más numerosas: «Después de la muerte ya no queda nada hasta el fin de los tiempos, cuando todo el mundo resucitará en bloque». Por otra parte, los mensajes recibidos por la TCI (transcomunicación instrumental) conectaban con la fe cristiana tradicional: «La muerte no es más que un paso y la vida continúa luego en el sentido de la evolución espiritual».

Didier van Cauwelaert: ¿Cuál es la posición oficial de la Iglesia frente a la TCI?

François Brune: Desde la «luz verde» de Pío XII en 1952, podemos anotar la declaración del teólogo Gino Concetti a la ANSA, la agencia de prensa italiana, en 1996: «La Iglesia ya no prohíbe los contactos con el más allá si es con el propósito de aliviar a las personas en duelo o por motivos científicos».

Didier van Cauwelaert: La mayoría de los mensajes recibidos nos hablan de felicidad y de luz. ¿El infierno y el purgatorio están abandonados?

François Brune: Dios nunca castiga. Pero tenemos que sufrir las consecuencias de nuestros pensamientos. Los que no creían en nada se encuentran prisioneros de la oscuridad y de la soledad que crearon ellos mismos. Los que no supieron amar siguen presos de su egoísmo. Los que no supieron perdonar siguen sufriendo por el odio que sienten.

Didier van Cauwelaert: ¿Para siempre?

François Brune: Algunos mensajes nos afirman que la última voluntad de Dios para los que rechazan indefinidamente amar es dejarlos regresar a la nada. Sería la «segunda muerte» de la cual hablan las Escrituras.

Didier van Cauwelaert: ¿Existe un peligro al querer conversar con los muertos?

François Brune: Cualquier puerta abierta sobre el más allá es una puerta sobre lo desconocido. Nunca se sabe quién puede entrar.

Entrevista con el sacerdote François Brune

París, 31 de mayo de 1998

Aprovechando un viaje a París en mayo de 1998, Maryvonne entrevistó para la revista al sacerdote François Brune; sus respuestas nos parecen tan significativas que decidimos reproducirlas también en este libro.

—¿Qué piensa usted de nuestra revista La Mariposa?

—Puedo ver que arranca muy, muy bien y estoy seguro de que va a seguir así. Hay ya mucha información y se sienten ya las raíces del país, lo que me parece importante, pues es una obra mexicana. Van a llegar a muchas personas y les deseo un gran éxito.

—Después del congreso de octubre del 97, ¿conoce alguna evolución de la TCI en el mundo?

—Se desarrolla tanto que es un poco difícil estar al tanto a nivel mundial, pero puedo hablar de dos nuevos centros en España; recibieron imágenes y me mandaron algunas de muy buena calidad. También hay alguien en los suburbios de París que tiene imágenes, pero con un sistema diferente: un sistema numérico.

—¿Nos podrá dar las direcciones de los centros de España?

—Lo haré. En Barcelona, Sinesio Darnell tenía imágenes en pantalla de televisor; ahora hace algo muy interesante: fotografías por medio de infrarrojo; ha descubierto cosas extraordinarias. Ya habló sobre esto en el segundo congreso de TCI cerca de París. Un científico italiano trabaja con la misma técnica y en ambos casos aparecen rostros donde no se veía nada al inicio; tomamos fotografías de un paisaje a la orilla de un lago donde no había nadie y, cuando se revelaron con infrarrojos, aparecieron con mucha claridad personajes... y él ha hecho algo más extraordinario: con el consentimiento de una persona que iba a morir, pudo ver y fotografiar el cuerpo espiritual desprendiéndose.

—Respecto de la Iglesia, ¿hay alguna evolución desde el congreso?

—En el congreso señalé la declaración del padre Concetti frente a la gran agencia de prensa italiana. No creo que haya habido más reacciones desde esa fecha. De lo que estoy seguro es de que ninguna autoridad religiosa lo desmintió. Si él declaró con ese tono y firmeza: «La Iglesia decidió», lo hizo porque sabía que no lo contradirían más adelante; estaba cubierto, no hay ningún problema. Esta es casi una declaración oficial de la Iglesia.

—¿En qué ayuda la TCI a tener fe o, más bien, a recobrar la fe?

—La TCI es una ayuda importante, aunque no la única; también están la mediumnidad en su forma más tradicional y el fenómeno de la escritura automática, y ambos son de gran ayuda. Pero la TCI da mucho más: es mucho más objetiva. Con la transcomunicación a través de médium o escritura automática, queda la duda de que sea el subconsciente el que reacciona: «¿No sería yo quien, sin querer, me daría las respuestas?». Con la grabadora todavía podríamos pensar que un espíritu se proyecta sobre la cinta, pero algunas personas dejan la cinta correr sobre la grabadora en su ausencia y a su regreso encuentran mensajes. Como este, hay muchos otros ejemplos que demuestran que nuestra mente no puede reproducir estos mensajes tan claros y sin distorsión en la cinta.

Si tenemos algo grabado que no tiene que ver con nosotros, que se graba sobre la cinta, eso es importante. Lo que constato es que el conjunto de estos fenómenos, incluyendo a la TCI, ayuda a gran cantidad de personas abatidas para quienes la vida ya no tiene sentido. Y no es una cuestión de fe: sienten que todo se está cayendo, hasta la vida, y con la TCI encuentran de nuevo la fuerza de vivir; encuentran poco a poco el sentido de la vida en general y de la suya en particular; encuentran que la vida sigue después de la muerte, que todo tiene un sentido y, finalmente, que el amor de Dios nos espera a todos. Eso es extraordinario. La gente no regresa forzosamente a su iglesia, sea cual sea, pero regresa a lo esencial: a Dios antes que a la religión. La vida continúa, tiene un sentido y Dios existe. Dios nos ama y el valor único de la existencia es el amor; cuando esto se descubre, el resto pasa a segundo plano.

—Algunas autoridades religiosas nos dicen que los contactos por TCI son satánicos. ¿Qué opina usted?

—(*El padre Paco ríe*). Voy a tratar de contestar, aunque sea muy difícil llevar la contra a personas bloqueadas en forma sistemática. En Brasil, unos jesuitas me invitaron a cenar para tratar de convencerme de no contradecir las declaraciones de un tal padre Quevedo, quien decía por todas partes que cualquier comunicación con el más allá no podía ser otra cosa que la obra de Satán y de las fuerzas del mal. ¡Claro que tuve que contradecirlo!

En Italia hay un famoso exorcista que ve en cualquier comunicación con el más allá la ilusión, la locura, el desequilibrio mental y también la obra de Satán. En la medida en que el bloqueo es absoluto, no veo cómo ayudar a estas personas a cambiar de opinión. Afortunadamente, un gran número de sacerdotes no están de acuerdo con esta teoría. Cuando visité la catedral de Brasilia encontré a un padre y charlamos un poco; era el cura de la catedral, con el título de monseñor. Me escuchó y, después de un tiempo, me dijo: «¿Sabe?, yo me comunico seguido con mi mamá...».

También sé, a través del padre Andreas Resch, quien dirige un instituto de parapsicología, que un día habló de estos fenómenos en Roma y numerosos cardenales le pidieron hacerles unas grabaciones con algunos familiares. En España, los jesuitas me invitaron a dar conferencias en teatros abarrotados; ellos mismos transcomunican y lo difunden. Se juzga al árbol por sus frutos. Si estos contactos vinieran de Satán, tendríamos gente delirante. Aunque esto puede suceder si no se observa medida. Hay que ser prudentes, tener un mínimo de reserva. No es bueno encerrarse ni pensar en nada más que vivir con el «muerto» y olvidar todo lo demás. Pero esto es muy raro. En la mayoría de los casos encontramos a personas que difunden paz, serenidad y hasta alegría en un perfecto equilibrio. Juzguemos el árbol por sus frutos; son abundantes y magníficos.

—Un sacerdote católico nos dijo que la comunicación era posible solo con los santos. ¿Qué piensa acerca de esto?

—Estoy totalmente convencido, y no soy el único de esta opinión, de que hay muchísimos más santos con Dios que los reconocidos por la Santa Iglesia Católica y Romana. En la liturgia católica, cuando se habla de la comunión de los santos, no se alude a la Eucaristía, sino a la comunidad, al entendimiento que rige entre los santos. Pero los santos no son los del calendario, los que fueron canonizados y reconocidos oficialmente como tales; son todos los que trataron de corresponder al amor de Dios. Es un sentido muy general: todos los que no están en el infierno.

—¿Quién quiere comunicar: nosotros o ellos?

—Aunque también nosotros tengamos el deseo de comunicarnos con ellos, casi siempre son ellos quienes toman la iniciativa para ayudarnos a salir de la desesperación y, a menudo, con el deseo de ayudar a la humanidad a encontrar la fe y a saber de la sobrevivencia después de la muerte. Así lo dicen con frecuencia y piden difundirlo; no el detalle de los mensajes, sino la existencia del fenómeno y, con ello, el hecho de la sobrevivencia: que la vida continúa y la muerte no existe realmente.

—Al comunicarnos con ellos, ¿los molestamos?, ¿debemos dejarlos en paz y no interrogarlos?

—Primero: no descansan. Lo de «aquí reposa fulano» es falso. No hay nadie en los panteones; no hay nadie debajo de las piedras tumbales excepto trapos viejos. En todo caso, si alguien quiere tener un contacto físico con su difunto, sería mejor guardar alguna de sus prendas y de vez en cuando rezar delante del clóset; les haría igual de bien...

Parece burla, pero a veces puede ser bueno mostrar que el muerto no está donde se cree. Lo que nos aconsejan del más allá es que tengamos un lugar donde se ponga, en honor de ellos, una o varias de sus fotos y se llene de flores y hasta de veladoras; que vayamos allí para hablarles. Esto se hacía en antiguas civilizaciones y se hace todavía en algunos países; en México es cosa común y parece muy normal.

—¿No se puede considerar como idolatría?

—De ninguna forma. No compite con el amor que le debemos a Dios y a nuestro prójimo. Ellos forman parte del prójimo. Son hijos de Dios y el amor de Dios se dirige hacia cada uno de nosotros y pasa a través de nosotros hacia los demás. Participamos del amor de Dios hacia nuestros hermanos. Dios sigue amando a nuestros muertos, pues son vivos en el más allá, y el amor de Dios pasa a través de nuestro propio amor hacia ellos.

Claro que los podemos molestar si los queremos retener cerca de nosotros, guardarlos en nuestros brazos o traerlos de nuevo con recuerdos terrestres de lo que les gustaba. Entonces sí les hacemos daño y no los dejamos tener su evolución espiritual. Es triste recordarles sensaciones que les agradaron y que perdieron definitivamente; ellos descubrieron sensaciones mucho más ricas y bellas. Cuando unos padres pierden a un hijo, les aconsejo hacer los primeros contactos con la ayuda de un grupo hasta que sean capaces de hacerlo solos sin tratar de retenerlos contra su voluntad. La separación seguirá existiendo, pero no será tan dolorosa.

—¿Les hacemos algún daño si, conociendo la TCI, nos rehusamos al contacto cuando ellos demuestran que quieren comunicarse?

—Creo que los podemos decepcionar. En muchas comunicaciones por medio de escritura automática se advierte su felicidad y hasta su impaciencia. Cuando no grabamos a la hora habitual, no es raro que nos digan: «Te estamos esperando»; entonces sí les hacemos daño. El lazo de amor no está roto; solo nosotros podemos romperlo. Pero no sería Dios quien lo permitiría. No hay nada malo en mantener este lazo y ellos son felices al conservarlo con nosotros; y son aún más felices cuando ven que aceptamos la voluntad de Dios y la separación. Si acatamos estas condiciones, ellos están maravillados de comunicarse con nosotros y se llevarían una gran decepción si no accediéramos a estos contactos.

—¿Nos puede ayudar a entender lo que es el karma?

—El karma se sustenta en actos y acciones; no tiene nada que ver con la reencarnación, como piensan muchos. La ley del karma es sencillamente que cargamos con las consecuencias de nuestros actos, para bien o para mal, en todo lo que hacemos. Siempre doy un ejemplo sencillo: si al salir por la mañana encuentra a su vecina y pelea con ella, no se extrañe si, al regresar por la noche, la encuentra con mala cara; usted carga con la consecuencia de su mala actitud de la mañana. Se puede cargar con las consecuencias del karma en la vida terrestre: si usted es una persona egoísta, que no piensa más que en lo suyo, poco a poco las demás personas se alejarán; es decir, usted carga con su karma, el que usted se creó, en esta misma vida.

En India le dieron otro sentido: uno carga con su karma debido a una vida anterior. Para ellos este ha sido el medio más fácil de explicar que, desde su nacimiento, algunos sufran, estén en la miseria o padezcan alguna discapacidad; la explicación es sencilla: pagan por malas acciones cometidas en otras vidas.

Pero cuando uno es rico, saludable y feliz, no se siente la obligación moral de hacer algo por los demás. Esta explicación no es satisfactoria y ha llevado a la gente a no tener corazón; obviamente esto es contrario a la voluntad de Dios, sea cual sea la idea que tengamos de Él.

—En el libro de George Meek y en muchos otros se habla de siete niveles. ¿Cómo se pasa de un nivel al otro?

—En la mayoría de los sistemas se habla del primer nivel como la Tierra o la vida terrestre. El segundo nivel es el momento de la muerte y el tercero corresponde al primer nivel del más allá. Todo depende de la evolución espiritual que tenemos en la Tierra. Si alguien es ateo, materialista, convencido de que la muerte es la caída en un hoyo negro donde todo se acabó, en el más allá estará solo en la oscuridad y se quedará ahí indefinidamente hasta que sienta una llamada y trate de ver una luz para salir. Esto corresponde al segundo nivel.

Cada uno proyecta su infelicidad o su felicidad según lo que ha vivido. Imagínese lo duro que es para alguien convencido de que no existía nada más encontrarse vivo, pero solo y en la oscuridad. Si se tienen visiones de pequeños diablos con cuernos y pies, es probable que se las encuentre en el más allá. El *Libro tibetano de los muertos* señala que, en la medida en que creemos en divinidades sangrientas dispuestas a echársenos encima para devorarnos, las vemos con terror hasta el momento en que advertimos que son proyecciones de nuestra mente, y entonces se desvanecen. De lo contrario, si tenemos el corazón lleno de amor y esperanza, entonces llegaremos a un mundo de felicidad; es decir, nuestra vida futura la preparamos desde aquí. Quien vivió de forma egoísta no encontrará a nadie que le ayude; quien fue benévolo y amoroso con los demás tendrá toda la ayuda que desee y hasta más.

—¿Nos puede decir algo de los otros niveles?

—Para los demás niveles hay un ejemplo extraordinario: el de Roland de Jouvenel, a quien quiero mucho. Este muchacho se fue de este mundo a los quince años y evoluciona continuamente; en menos de seis años se ha quitado cantidad de envolturas, como una semilla, y cada vez es más feliz. Dice a su madre: «Este es un día lleno de felicidad. Ya me despojé de mi última envoltura y cada vez me siento más alegre». Ya alcanzó el nivel más alto y pide a su madre que no trate de imaginárselo tal y como lo conoció, porque en este nivel no hay formas explicables: «Solamente hay el todo en el todo y el infinito en el infinito».

Cuando se dice esto, la gente tiene miedo porque piensa que se trata de una destrucción, pero es todo lo contrario. Ellos lo viven como algo maravilloso; es la cima de la felicidad, un enriquecimiento, una visión más amplia y constructiva. Hay que explicar a los padres atemorizados de ya no encontrar a sus hijos más que como luz o vapor que, cuando ellos los alcancen, sus hijos adoptarán su aspecto habitual para el reencuentro y los acompañarán. Al mismo tiempo, les permitirán seguir su camino espiritual, pero formarán parte del camino con ellos para ayudarles a evolucionar.

—Con frecuencia nos preguntan dónde está el más allá.

—(*Risa del padre*). No puedo decir dónde está. Hay textos, pero no muy explícitos. Sabemos que cuando los seres que lo habitan nos quieren visitar, las turbulencias atmosféricas como tormentas, lluvias, nieve y aire les molestan. Nos han dicho que deben atravesar varias capas como si se tratara de satélites en órbita que giran alrededor de la Tierra, pero no sabemos si hay que tomarlo al pie de la letra. Quizá sea nada más una etapa del más allá.

También nos han dicho que atraviesan distancias enormes a velocidades increíbles para alcanzar otros mundos. Creo que el más allá es muy diverso, según el nivel espiritual de cada uno y también según sus gustos y preferencias, pero siempre con la posibilidad extraordinaria de encontrarse en diferentes lugares al mismo tiempo y hallar simultáneamente a varios difuntos amados, aunque estén en niveles espirituales distintos.

—¿No se puede decir que nuestros desaparecidos y el más allá están también aquí, junto con nosotros?

—Sí. Debemos precisar que pueden estar en diferentes niveles del más allá y, al mismo tiempo, bien cerca de nosotros. Tratan de actuar sobre nuestros corazones a través de nuestros pensamientos. Nos lo han dicho con mucha seguridad. Hasta pueden actuar sobre la conciencia de varias personas al mismo tiempo, a miles de kilómetros unas de otras. Comparten tanto nuestra vida que saben todo lo que hacemos: nuestras actividades, nuestras lecturas, las películas que vemos por televisión o en el cine, lo que encontramos, las conversaciones que tenemos y, a veces, hasta pueden intervenir en pequeñas cosas de nuestra vida; demuestran que están al tanto de todo y que nos siguen.

13
Comunicaciones cósmicas

Materialización de un objeto

El sábado 26 de mayo de 2001, nos encontramos en la ciudad de Luxemburgo con Maggy y Jules Harsch-Fischbach para una visita de cortesía.

Después de un paseo por esta bella ciudad y una buena comida en una posada, llegamos al domicilio de Maggy y Jules. Mientras que Maggy prepara el café en la cocina, los tres estamos platicando en el comedor alrededor de una estatua de Horus, dios solar del antiguo Egipto.

De repente, una pequeña bola de papel de poco más de 3 centímetros de diámetro se materializa frente a nosotros, proyectándose a gran velocidad y con un chiflido sobre el hombro izquierdo de Yvon, rebotando hacia la ventana.

La sorpresa nos deja mudos. Jules, más acostumbrado a este tipo de fenómenos, pero probablemente preocupado por el choque emocional que eso podía provocarnos, no reacciona tampoco. Abrimos la bola de papel, en parte quemada y todavía caliente, sobre la cual está escrito, en letras apenas legibles: «De Karine pour Maman», y que contiene una pequeña medalla, una «Estrella de David», de 1.5 centímetros.

El hombro de Yvon se queda caliente por más de 15 minutos.

Estamos en la víspera del día de las madres en Francia. Maryvonne se acuerda que para el día de las madres en México, el 10 de mayo, Yvon le entregó una tarjeta de parte de Karine, terminando con: «Hasta muy pronto, para el día de las madres en Francia, habrá una sorpresa que haré llegar a papá. *Ta petite biche*. Karine».

Yvon no recuerda este último mensaje de la tarjeta a pesar de ser muy reciente; asimismo, no se explica el porqué lo escribió.

De regreso en México, debido a las necesidades derivadas de la preparación de un nuevo libro, hemos revisado los mensajes obtenidos el 26 de marzo de 1998 a través del médium Henry Vignaud, y encontramos este: «Habrá signos de comunicación con Karine. Como una quemadura o algo que calentará. Eso se realizará en un lugar distinto a su casa. ¡Sorpresa!».

Al revelar la foto de la medalla tomada este día, constatamos con maravilla que un corazón se refleja en la argolla de la medalla.

Estamos agradecidos con las entidades superiores que permitieron esta materialización y contigo, hija querida, que amamos cada día más.

La estrella de David que se materializó

Cuartos de luz

El sábado 18 de agosto de 2001, damos una conferencia TCI con una duración de 6 horas en Cuernavaca, ciudad de la eterna primavera. El evento se desarrolla en el magnífico auditorio de la Unidad de Investigaciones y Servicios Psicológicos de la UAEM. Hay 220 personas provenientes de varias ciudades de la República.

Al final de la conferencia, un pequeño grupo de participantes se acerca a nosotros. Son los representantes del «Instituto Mexicano de Investigaciones Síquicas A. C.» (IMIS). Nos indican haber asistido a nuestros dos congresos TCI en Toluca y conocen perfectamente bien nuestra vivencia.

Esta misma noche cenamos juntos en nuestro hotel. Manuel Cortés es el líder del grupo. Su hermano Enrique es médium y, mientras cenamos, asistimos a una serie de aportes tales como: medallas religiosas, monedas, mariposas, preciosas canicas de vidrio colorado (símbolo del universo y de la perfección). Nos separamos en las primeras horas del 19 de agosto, prometiendo encontrarnos de nuevo en las próximas semanas para participar en una de sus reuniones semanales.

El Instituto Mexicano de Investigaciones Síquicas A. C. fue fundado oficialmente el 19 de agosto de 1944, aunque funcionaba desde 1939. Su creador es Rafael Álvarez y Álvarez, quien participó en la Revolución mexicana antes de ser diputado y senador. Pintor y músico también, era un hombre reputado por su integridad moral. El objetivo de esta asociación civil es la investigación de los fenómenos tales como: manifestaciones, ectoplasmas, materializaciones físicas, aportes de objetos, levitaciones... producidos por los médiums en el transcurso de sesiones denominadas «cuartos de luz».

Los miembros del IMIS son bastante discretos, sin ocultar, por lo tanto, cualquier cosa. Tienen una fe inquebrantable, pero no son fanáticos y «no tienen ningún producto que vender». Queda muy claro que no se trata de una secta.

Antes de describir los detalles de la experiencia que vivimos al asistir a varias de sus sesiones de mediumnidad, es importante saber que, en el transcurso de los años, centenares de personalidades participaron en estos «cuartos de luz», lo que habla en su favor. Entre ellas, tres presidentes de la República, dos candidatos a la presidencia, unos veinte ministros —entre los cuales los de Justicia, Finanzas y Educación Pública—, un director de la UNESCO, gobernadores, rectores de universidad, generales, embajadores —entre ellos el de Israel en México—, sacerdotes, médicos, abogados, industriales, escritores, periodistas, artistas, etc. La lista de estas personalidades y el informe de estas sesiones certificadas ante notario se encuentran en el libro «Ventana al mundo invisible» (Ediciones Planeta, 1994), escrito por Gutierre Tibón.

De 1939 a 1955, el médium principal fue Luis Martínez, un mexicano de origen muy humilde; le siguió una señora y, desde hace unos años, es otro señor, también de condición modesta, Samuel Huicochea.

El grupo actual del IMIS reconoce en nosotros el valor para difundir el mensaje que nos es común, es decir, que existe una vida después de la vida y que la muerte no existe; eso a través de los congresos internacionales de TCI en los cuales reunimos a miles de personas, de los programas de TV y radio, conferencias, página de Internet, ayudando a todos los que sufren por la pérdida de un ser querido y enseñando la metodología de la transcomunicación. Además, Manuel Cortés nos confiesa haber encontrado en los mensajes de Karine similitudes con los de E. Swedenborg, cuya filosofía comparte.

El 5 de septiembre de 2001, nos presentamos en la sede del IMIS y, mientras nos dan las indicaciones preliminares a la sesión, asistimos de nuevo a una serie impresionante de aportes en presencia del médium Enrique Cortés. Nos «bombardean» literalmente de canicas y monedas. Casi necesitaríamos un casco para protegernos...

A las 17:00 horas, estamos listos para la sesión. Somos 25, todos vestidos de blanco. Para retirar las energías negativas que podríamos tener, pasamos encima del humo emitido por el carbón de un pequeño brasero.

Entramos en un cuarto de 7 metros por 5, aproximadamente, sin ventana y con una sola puerta. Veinticinco sillas blancas están colocadas alrededor de esta pieza. Cerca de la puerta se encuentra un voluminoso sillón, blanco también, y del lado derecho, objetos religiosos, una veladora prendida, unas campanas, flores, agua, una Biblia abierta. Frente al sillón y casi en medio del cuarto, una pequeña mesa cuadrada y, encima, un cuaderno y una pluma; repartidos abajo, juguetes (muñecas, martillos de plástico, caballos de madera...), así como instrumentos de música (tambores, armónica, trompetas, cascabeles...). En las paredes, algunos retratos de maestros espirituales, del fundador del IMIS e imágenes religiosas; todo esto sin exceso.

El médium principal, Samuel, coloca a los asistentes, empezando por los siete miembros del comité, considerados como «pilares» para la sesión. Estos «pilares» son la fuerza del médium. Ellos tienen diferentes tipos de mediumnidad. Citamos a María Luisa Dehesa y Valentín López, quienes se encuentran de cada lado del médium, y a Manuel Cortés, el director de sesión, colocado enfrente del médium al otro lado de la pieza. Cualquier «pilar» puede tomar el papel de director de sesión. María Luisa también coloca a los participantes, asistiendo a Samuel.

La puerta se cierra con llave y candado. Samuel hace una introducción dando las reglas y el protocolo de la sesión. El director de sesión presenta a los invitados. Una oración extraída del libro de Allan Kardec se lee y cada uno de los participantes puede formular una petición personal a los maestros espirituales (problemas de salud, paz en el mundo, deseos diversos).

Nos sentamos formando una cadena humana, agarrándonos de la mano, a excepción del médium principal, sentado en su sillón. Esta cadena es muy importante y de ninguna manera debe romperse. La luz eléctrica se apaga, el médium sopla la veladora; estamos en la oscuridad completa.

El médium entra en estado de trance. En el caso de Samuel, lo logra solo. Al final de la época de Luis Martínez, era Valentín quien lo ayudaba «magnetizándolo». Es el silencio total, el grupo se armoniza, la sesión empieza.

El más allá llega. Una cadena de seres de luz se forma atrás de nosotros con el fin de redoblar la protección. Canicas y monedas caen, brincando sobre el piso. El padre Elías pasa delante de cada uno de nosotros y «satura» el ambiente con agua, y el padre Abraham pasa con unos nardos para retirar las últimas energías negativas.

Los niños empiezan a llegar con bastante alboroto. Al volver a atravesar el famoso túnel, los seres de luz regresan a la edad que tenían cuando «partieron». Percibimos puntos luminosos alrededor de los juguetes. Los niños nos tocan, quitan los zapatos de algunos, nos «golpean» con el martillo de plástico, agarran todos los juguetes. Les cantamos cuatro o cinco canciones de niños, acompañados por la guitarra de un miembro del grupo.

Luego llega «Botitas». Es un adolescente de 18 años. Toma el tambor y toca aires militares de la Revolución. Todos cantan a su ritmo. Botitas baila también, golpeando fuertemente el piso. Le pedimos si quiere tocar la guitarra del participante y se ejecuta de inmediato, bastante bien... Ahora viene Ramiro, quien está aprendiendo a jugar el tambor... Botitas toma la armónica y lo acompañamos cantando su canción favorita, «Cielito lindo».

Luego llegan varios indios quienes bailan en forma rítmica, haciendo temblar la pieza al golpear sus talones sobre el piso.

El ruido de los cascabeles de sus pies llena la atmósfera. Un ambiente increíble de felicidad y alegría nos rodea. No es nada triste...

Poco a poco, este pequeño mundo se tranquiliza, el silencio reina de nuevo. Los cantos religiosos empiezan y el doctor Amajur, maestro espiritual oriental, se materializa lentamente frente a nosotros. Se despliega a partir de una posición fetal. Percibimos su rostro, cuyo contorno es superluminoso, así como sus manos. Nos parece inmenso cuando en la Tierra era más bien bajito. Esto se debe a la levitación. Se presenta a nosotros con un vestuario oriental. Un fuerte olor a ozono inunda la pieza y se quedará mientras duran las materializaciones. El maestro Amajur pasa, despacio, delante de cada uno de nosotros; nos cubre la cabeza y el rostro con sus manos por unos segundos. El grupo canta una canción compuesta en su honor. Pasa de nuevo entre nosotros bendiciéndonos. Para cumplir con los deseos de algunas personas, efectúa curaciones directamente sobre ellos y ofrece aportes varios a otros. Es uno de los momentos más importantes de la sesión. Luego, se retira.

Cada maestro espiritual es acompañado por otros dos seres de luz que lo protegen de alguna forma, pero que solo los médiums pueden ver. Es ahora Haxel el que se materializa. Es el protector de María Luisa. Pasa frente a cada uno de nosotros y nos saluda. Tiene ojos luminosos magníficos. Luego es Sadrak, el protector de Manuel, el que aparece, igual de luminoso que Haxel. Ilumina el salón de forma espectacular aventando pétalos de rosas en todas partes. Estos se vuelven luminosos al contacto de sus manos. Tenemos la ilusión de ver el cielo con sus estrellas a nuestros pies. Es sublime. Antes de retirarse, ofrece una rosa a cada mujer. Los participantes agradecen a los seres de luz permanentemente.

Para finalizar, el maestro Amajur regresa y, a nuestra gran sorpresa, tiene a Karine de la mano. Está radiante y resplandeciente de luz. Es un momento de emoción intensa.

Nos cuesta mucho guardar nuestras lágrimas. Karine se acerca a Yvon y toma su rostro en sus manos. Yvon, alentado por los médiums, habla a Karine. Una médium del grupo empieza a transmitir un mensaje de Karine:

—Estoy viva. No tienen que preocuparse. Me sentía bien en la Tierra, pero estoy todavía mucho mejor ahora. Los amo y estoy cerca de ustedes. Sigo trabajando con niños. Sobre todo, sigan su misión. Mamá, te pido que apoyes a papá, que lo necesita.

Karine se refiere y el maestro Amajur se despide de todos. En este momento, el maestro espiritual toca las campanas, anunciando con este acto el final de la sesión.

Las luces se prenden y dos o tres personas despiertan a Samuel con mucha precaución. Su sillón ha sido «transportado» en medio de la pieza. El salón se encuentra en un desorden indescriptible. Flores, agua, juguetes, instrumentos de música, zapatos, aportes... están esparcidos en el suelo. Parece que pasó un huracán... Cada uno descubre los aportes que le fueron entregados. Maryvonne fue autorizada a grabar un casete de audio y más tarde, al escucharlo, captamos numerosas voces muy audibles. Por su parte, recibió una medalla religiosa en respuesta a un deseo que hizo para un pariente cercano.

Son las 21:30 horas. La sesión duró 4 horas y 30 minutos que no vimos pasar. En un cuarto contiguo, los participantes comparten pizzas y refrescos. Todos estamos serenos y, en un ambiente de felicidad, intercambiamos comentarios.

El 12 de septiembre de 2001, nos encontramos de nuevo con el grupo de base del IMIS junto con otras personas que vienen a completar el círculo de los participantes. Hemos esperado con mucha ansia durante una semana este nuevo momento de privilegio.

Aunque cada sesión puede parecer similar a otra en su protocolo, cada una es diferente y tiene su especificidad. Además, los maestros espirituales no son siempre los mismos, a excepción del maestro Amajur. Estamos a cuatro días de la fiesta nacional. Esta vez, Botitas toca en honor a la patria y cantamos el himno nacional. El bailarín indio es «Pluma de Oro», protector de Valentín.

Maryvonne se encuentra con la cabeza envuelta en la bandera mexicana. Pide a Botitas darle un besito y este se lo da —lo que parece ser poco común— y en varias ocasiones le acaricia el rostro. Botitas no toca la armónica esta vez; se la llevó en la última sesión... Yvon recibe un aporte religioso.

De nuevo, Karine aparece guiada por el maestro Amajur. Acaricia la cara de Maryvonne con un dedo luminoso y se presenta frente a Yvon, sentado del otro lado del cuarto, pasándole dos dedos por el rostro y dejando marcas de luz. Karine está de nuevo espléndida de luz y, por unos minutos, una mariposa luminosa (símbolo del alma y de la asociación) vuela alrededor del salón, provocando la admiración de todos.

Un detalle significativo: en varias ocasiones, Yvon le dice a Karine en francés que todo el mundo la ama y, sobre el cuaderno colocado en la mesa, encontramos el mensaje siguiente: «Karine: Amo a todos». Son momentos que se viven plenamente, pero que son muy difíciles de explicar. La sesión termina también cerca de las 21:30 horas.

El 19 de septiembre de 2001, unos días antes de salir para Argentina y Chile, en donde daremos unas conferencias TCI con el padre François Brune (padre «Paco»), decidimos asistir por tercera vez a un «cuarto de luz» para poder adelantar un poco más en nuestras investigaciones. Esta vez, Maryvonne está sentada cerca de Yvon, separada solamente por una persona.

Entre los nuevos maestros espirituales que tenemos el privilegio de ver materializarse, podemos citar a Jabdad, el protector de Enrique. Es un oriental que tenía un problema de columna vertebral; es corpulento y su andar es balanceado. San Francisco de Asís se nos aparece también. Es muy apreciado por el grupo, al que bendice permanentemente. Blanca, la responsable del túnel, llega a su vez; es muy bella y luminosa, se parece a una novia. Esta vez es ella la que acompaña a Karine, quien se identifica imitando bastante bien a una mariposa volando con el movimiento de sus dedos y para el gran placer de todos. Pasa dos dedos sobre el rostro de Maryvonne y hace lo mismo con Yvon. Su cara está más cerca de nosotros que en otras ocasiones. Le decimos cuánto la amamos. Nos ofrece una rosa a cada uno y deposita un beso sobre la nariz de Yvon, sorprendido.

Al igual que en la primera sesión, se expresa a través de Sarah, dándonos el mensaje siguiente:

—Tendrán un excelente viaje en América del Sur. Será un éxito rotundo y estaré cerca de ustedes. Deben seguir su misión a pesar de los tropiezos que algunos seguirán poniéndoles. Un día, estas personas verán la luz. Mamá, ayuda a papá: eres más fuerte que él. Gracias a lo que hacen, pude evolucionar más rápido. Los llantos retrasan la evolución espiritual. No es necesario ir al panteón. Agradezco a Blanca por haberme acompañado... Los quiero a todos.

Finalmente, y para sorpresa de todos, es la Virgen de Guadalupe la que se materializa en todo su esplendor. ¡Es grandioso! La sesión se acaba a las 22:00 horas.

Es interesante notar que personas de todas las religiones asisten a estos «cuartos de luz». Para todos, no existe más que un solo Dios. Para los escépticos, todo esto no puede representar más que engaño y superchería. Que no se cansen inútilmente: otros lo pensaron antes de ellos... Desde hace sesenta años que estas prácticas mediúmnicas existen, nadie pudo encontrar fraude alguno. Sin embargo, se hicieron zancadillas a los seres de luz, no encontrando más que el vacío; se esparció harina en el piso, pero ninguna huella apareció; todo eso en contra de las reglas éticas.

En algunas ocasiones, el médium fue enjaulado... Hay que decir que es el primer sospechoso. Efectivamente, todos los participantes se agarran de la mano, menos él. Pero ¿puede «hacer el papel» de todos estos seres de luz, tan diferentes unos de otros, al mismo tiempo? Por otra parte, pudimos verificar la honorabilidad de los participantes, generosos y caritativos, entre los cuales no se constató ningún interés material. Pero sabemos perfectamente bien que los escépticos seguirán buscando una justificación a esta realidad. En todo caso, tendrán la solución al decir que no vieron nada, que no escucharon nada, lo que sigue siendo la postura más segura frente a los fenómenos que ellos quieren negar...

Por lo que se refiere a nosotros, estos «cuartos de luz» son el doctorado en Parapsicología.

Grupo grande Puente de Ixtla Cuarto de luz

Testimonio de Michael Roll

Investigador científico inglés, sobre las materializaciones físicas (marzo de 1983)

Extracto de un artículo de la revista Le Messager n.º 36 - Infinitude – Francia

Protagonistas del mundo físico:

Rita Goold: médium de efectos físicos.

Pat y Barry Jeffreys: padres de Michael, fallecido a la edad de 16 años.

Michael Roll: testigo directo y autor del reporte.

Protagonistas del mundo etérico:

Russell Vernon Bryn: fallecido a la edad de 9 años de cáncer, hace 20 años.

Helen Duncan: médium de efectos físicos. Ella fue martirizada y encarcelada en 1944, acusada de brujería. Fue asesinada en 1956.

Raymond Lodge: hijo del científico sir Oliver Lodge. Falleció durante la Primera Guerra Mundial.

Boyrie: padre de Rita Goold. Este no habló.

Laura Lorraine: abuela de Rita Goold; apareció como una joven con una bella voz de cantante de ópera.

James Arthur Findlay: filósofo e historiador, fallecido en los años 60.

Michael Jeffreys: hijo de Barry y Pat, fallecido en un accidente de motocicleta.

Primer periodo

Barry se sentó cerca de la puerta cerrada con llave, una vela prendida a su lado. Rita Goold estaba sentada en una silla confortable, del mismo lado del cuarto, en otro rincón. Pat se encontraba en el rincón opuesto a Barry. Puso en marcha una grabadora que difundía una música suave.

Me encontraba, más o menos, a dos metros de Pat. Había varias otras sillas vacías alrededor del cuarto. Una pequeña mesa de madera se situaba en medio de la pieza. Rita señaló que estaba lista y se relajó sobre su silla. Barry me pidió estar muy tranquilo mientras Rita estaba en trance, pero agregó que, en cuanto llegaran las entidades del mundo invisible, podría relajarme y unirme a la conversación con ellos.

Barry apagó la vela. Lo único que podía ver eran los palillos del tambor, iluminados, colocados en medio del cuarto por Barry. Después de unos minutos, se escuchó un golpe fuerte en dirección a Rita. Resonó como si su silla hubiera sido levantada unos centímetros y dejada caer en el piso de nuevo. La sesión empezó con unos golpes sobre la mesa. La cantidad de golpecitos indicaba quién de las entidades estaba presente.

Helen Duncan habló primero:

—Michael, sea bienvenido; es un gran privilegio tenerlo con nosotros.

Hizo unos elogios sobre mí para tranquilizar a Barry y Pat y probarles que me encontraba digno de su confianza, para poder decírselo a Rita en cuanto se despertara.

—Michael, le hablaré más tarde.

La pequeña mesa fue desplazada a través del cuarto y se encontró apoyada suavemente sobre mis piernas. La voz de una joven dijo: «Laura». Una mano acaricia mi rodilla. Entonces, Laura empezó a cantar una canción muy bella, con gran sensibilidad. Se encontraba a solo 60 centímetros de mí. Me pareció que cantaba la canción sobre todo para mí, el recién llegado. Mientras seguía cantando, agarró mi mano y la detuvo por unos veinte segundos. Era, de seguro, la mano de una mujer joven, caliente y provocando las mismas sensaciones que nuestras manos, con los dedos y las uñas. Emanaba un fuerte olor a jacintos.

Después de esta recepción maravillosa, las entidades me hicieron una impresionante demostración de fenómenos físicos. Boyrie, un director de orquesta en la Tierra, me demostró lo que podía hacer con los palillos del tambor. Estaba algo asustado al ver llegar los palillos del tambor cerca de mi rostro, pero en señal de confianza, Boyrie tocó suavemente mi rodilla.

Raymond Lodge se puso un saco y botas iluminadas que Barry había proporcionado. Raymond se acercó y se quedó parado frente a mí; era un hombre alto, de más de 1.80 metros. Con uno de los palillos del tambor se golpeó el cuerpo, sus brazos y piernas, para mostrarme cómo era sólido. Regresó sobre sus pasos y, todavía con sus botas y su saco, atravesó la mesa y golpeó fuertemente el piso con sus pies alrededor del cuarto; luego, se vino a sentar junto a mí sobre una silla de mimbre. Con un gesto de pacificación, apretó fuertemente mi mano. Le dije que utilizaba el trabajo de su papá todos los días y contestó que sabía quién era. Se levantó y se despojó de su saco y de las botas, aventándolas a mis pies; una de ellas me golpeó la pierna. Lo sentí, pero no era doloroso.

Seguido de esta impresionante demostración, Russell se desplomó sobre el piso al igual que un payaso. Antes de esta sesión, no entendía el porqué estos intelectuales permitían a un niño de 9 años presentarse. En realidad, estaba secretamente disgustado y muy decepcionado, pero ahora entiendo perfectamente: es únicamente para relajar la atmósfera muy cargada.

La visita de las entidades duró de las 20:30 horas hasta las 12 de la noche y, sin el recurso de las risas, todas las personas presentes, incluyéndome, hubiéramos estado tensas y emocionadas.

—Buenos días, Michael —me dijo—. Su nombre no es Michael, lo voy a llamar por su verdadero nombre: Rolly Polly.

Es mi apodo. Russell continuó:

—Tiene una resonancia un poco cómica y usted no es realmente así; sin embargo, se puede cambiar a veces en payaso.

Todos mis amigos del club me llaman así pues, efectivamente, hago el payaso como en los viejos tiempos del fútbol americano. Russell prosiguió:

—Me encontraba con usted y Rita en la tarde, mientras usted pensaba que yo era muy «los pies sobre la tierra». Pero no soy así. A propósito, vi que comió uno de estos huevos chistosos con salchicha alrededor.

Helen nos dice que es tiempo de tener un receso para Rita. Esta última se despertó y tomó una taza de café mientras le contábamos lo que había sucedido de manera muy entusiasta. Parece injusto que Rita no pueda nunca ver todas estas cosas maravillosas que suceden. Las entidades ni siquiera permiten que se grabe la sesión con una grabadora. Entiendo que algún día las grabaciones serán permitidas, pero que no están listos todavía.

Segundo periodo

Boyrie toma los palillos del tambor, cubiertos recientemente de pintura fosforescente. Utiliza esta pintura para enseñarnos sus manos. Laura me enseña también sus pequeñas manos delicadas cuyas líneas puedo percibir. Canta de nuevo una preciosa melodía de amor y se desplaza libremente en el cuarto. Después de un tiempo, detiene mis manos, las sube y las baja hasta el piso. Al final de la canción, Russell hace payasadas con la taza de café de Rita. Resonó como si la llenase de agua. La mesa se desplaza hacia mí y Helen —lo supongo— toma mis manos y las jala hacia adelante, colocándolas sobre la mesa mojada. Otro ser se detiene en mi brazo izquierdo; pregunto quién es, pero no tengo respuesta.

En este momento, Helen me dice que tiene una bonita sorpresa para mí. Una voz pronuncia algo que no entiendo. Helen interpela a Pat con un fuerte acento escocés:

—Por favor, Pat, baje el sonido de la cinta.

Una voz dice:

—Es James Arthur Findlay que está aquí, Michael.

Me toma con fuerza del brazo izquierdo y me agacho hacia adelante. Helen me dice:

—Ahora, quédese tranquilo, Michael.

En ese instante, Arthur Findlay pasa su brazo alrededor de mis hombros y me sacude gentilmente. Después me da una palmada en el hombro y me dice:

—Estoy justo atrás de usted, Michael.

Luego agrega que me va a dejar e irse. Trabajé muchos años para dar a conocer el trabajo de Findlay al público. ¿Se pueden imaginar lo que sentía en este momento?

Para disipar un poco esta atmósfera eléctrica, Russell regresó haciendo payasadas:

—Tengo un regalo para usted, Rolly Polly.

Escuché, entonces, un ruido parecido a un papel que se desplegaría y dije que se parecía a Navidad. Russell dijo:

—Debió de haber estado aquí en Navidad; qué gracioso fue todo, la bolsa de regalos para los niños bajó del techo.

Las pequeñas manos de Russell tomaron las mías y depositaron una muñeca y, con un grito, dijo:

—Es un payaso.

Helen entabla una larga charla acerca de sus planes para dar explicaciones. Le dije que mi único propósito era tratar de cambiar la forma de pensar de la gente en el mundo; si solamente pudiese llegar a cambiar la situación irlandesa explicando a las personas que fueron engañadas por los sacerdotes. Estuvo de acuerdo conmigo en que no hay cristianos, judíos, musulmanes u otros; todo fue inventado por el hombre para sus propios fines egoístas. También señaló que no había diferencias raciales: en el más allá somos todos iguales.

Helen nos dijo que para su misión actual guardaba su anterior identidad de Helen Duncan. Nos dijo también:

—Quizás un día podré recibir un diploma a un nivel más alto y entonces podré fácilmente dejar mi identidad anterior.

Fue cuando mencioné algunos nombres de celebridades que me gustaría tomar algún día. Helen nos dice que a nadie le importa la posición de tal o cual cuando viene del otro lado, sea rey o barrendero. El único interés que representan para nosotros las personas famosas es la capacidad que tienen de difundir la verdad sobre la supervivencia a un máximo de personas. Entiendo que, a pesar del aparente juego, el trabajo de Helen y Raymond no es nada insignificante. Hay un propósito muy serio en este trabajo de mediumnidad física: nada menos que aportar aclaraciones a la especie humana sobre la existencia de un amplio universo desconocido que alcanzaremos después de nuestra corta estancia en la Tierra. Si solamente las personas pudieran entender que son responsables de cada pensamiento y acción, qué transformación aportaría.

Boyrie, sentado cerca de mí, empezó a tocar el xilófono siguiendo perfectamente el ritmo de la música de la grabadora. Cuando terminó, Raymond Lodge se vino a sentar junto a mí. Hablamos cerca de 30 minutos sobre muchas cosas. Me preguntó si tenía algo que preguntarle. Por supuesto que tenía miles de cuestiones, pero estaba en estado de choque, excitado, y mi espíritu estaba vacío. Raymond lo sintió y habló acerca de su gran y feliz familia mientras me calmaba.

Después de un tiempo, surgió la pregunta acerca de los platillos voladores. Pensaba que venían de otros planetas de nuestra galaxia, ya que se supone que hay cerca de un millón de mundos habitados. Me confirmó que era correcto. Es por este motivo que necesitan un vehículo para desplazarse, mientras que las entidades del más allá no lo necesitan. Me señaló que los seres de otros planetas son mucho más desarrollados que nosotros y es la razón por la cual no toman contacto con nosotros, juzgando que no somos todavía lo suficientemente evolucionados para recibirlos.

La próxima vez tengo que acordarme de preguntar cómo son capaces de viajar más rápido que la velocidad de la luz (300,000 km/s). Pregunté, para todos mis compañeros deportistas, si tenían deporte del otro lado. Raymond confirmó que cada deporte se practicaba con gran entusiasmo, todos los que no incluyan la muerte de animales.

—No diré más sobre este asunto, Michael, si no echaría a perder el placer del descubrimiento cuando sea su tiempo de alcanzarnos.

Raymond ya sabía de la idea que tenía de invitar a uno de los más grandes físicos nucleares del mundo. Me confirmó que estaría bien, pero insistió sobre la presencia de otra persona al mismo tiempo que el físico. Raymond y Russell hicieron referencia a la conversación que tuvimos en privado con Rita, recordándonos que son las hermanas Fox, en EUA, quienes fueron las primeras en dar a conocer el mundo oculto.

Raymond se levantó y se fue. Russell regresa y me dice que me acompañará en la autopista para tener la seguridad de que llegaré a mi casa sin riesgo. Varias cosas interesantes, conocidas solamente por él y por mí, sucedieron en el trayecto, y estoy seguro de que me dará detalles la próxima vez que lo vea.

Después de varios acontecimientos más, Rita salió de trance y Barry prendió la luz. Estaba completamente aturdido y volví a la normalidad a las 48 horas. Esta experiencia tuvo tal efecto sobre mí —que siempre me he interesado en la ciencia psíquica— que me pregunté cómo afectaría a una persona ajena al conocimiento del asunto.

Además, observé lo siguiente:

- En otras sesiones, aprendí que todos los secretos de la vida no son conocidos de repente cuando pasamos al otro lado.
- Los animales domésticos se reúnen siempre con las personas que les demostraron afecto.
- No es posible destruir los árboles en el mundo etérico.
- Las entidades que encontré, a quienes hablé y toqué, son exactamente como nosotros.

Comentarios de los autores

Aparte del lado visual espectacular, las materializaciones físicas no deben ser tomadas de forma más extraordinaria que el hecho de escuchar la voz de nuestros seres queridos. En los dos casos, tenemos la demostración de que la vida continúa.

Los médiums de efectos físicos con fuerte capacidad casi no existen. Consultamos al matrimonio Harsch-Fischbach, a Monique Simonet y al padre Brune, quienes nos confirmaron la validez de estas materializaciones. Citaron, entre otros, a los médiums Leslie Flint y Arthur Conan Doyle de Inglaterra,

Arthur Ford de Estados Unidos y, actualmente, a Marcello Bacci de Italia.

El mundo pudo aprovechar durante mucho tiempo las facultades de estos médiums para darnos a conocer las otras dimensiones; hoy, los aparatos electrónicos permiten el contacto con otras dimensiones en cualquier momento y por cualquier persona.

14
Conclusión

La muerte es un tabú de la sociedad moderna. Para los materialistas la verdad es sencilla: no hay sobrevivencia después de la muerte física. Podemos entender el escepticismo de algunos que dicen: «Lo sabríamos si fuera cierto», pero habría también que considerar que los descubrimientos avanzan lentamente.

El primer obstáculo es la actitud de los científicos, desconcertados por la irracionalidad de un fenómeno del cual seguramente no tienen duda, pero que se resisten a admitir debido a su formación profesional. Los libros aportan enormes conocimientos, pero en cierta forma son hipótesis; así que el individuo que quiere saber tiene que luchar solo. Empiezan a surgir ciertas asociaciones de TCI, pero hay que descubrirlas debido a que operan con mucha discreción.

La realidad de la vida eterna nos viene del otro mundo. Permanentemente se nos envían pruebas, pero ¿sabemos reconocerlas? Gracias a un grupo reducido de gente muy receptiva, se pudo desarrollar la TCI como un elemento que permite afirmar hoy que la eternidad es una realidad. Es por eso que nosotros la consideramos como el descubrimiento más importante en la historia de la humanidad.

Esto debe ayudar a continuar nuestra vida terrenal en mejores condiciones mentales, sabiendo que existe la inmensa esperanza de encontrar, a su debido tiempo, a nuestros seres queridos desaparecidos y que ellos viven bien y en el amor de Dios.

Carta de Monique Simonet, pionera francesa de la TCI

Es muy probable que Karine y Axel, mi nieto, que se han ido prematuramente para nuestra más grande pena, ahora se conozcan bien ahí, «a un lado», en ese otro mundo que será también nuestra eterna morada.

En una de mis últimas cartas les decía: «Oigo a Karine; me habla de unos aretes». Ella estaba cerca de mí, y yo la percibía en cierta dulzura y suavidad de mi entorno, aunque en ese momento estuviese supuestamente sola en casa. Desconocía el significado de sus palabras, pero se las transmití, por si acaso... y unos días después de haber recibido mi mensaje a usted, querida Maryvonne, una amiga le ofrecía unos bonitos aretes con forma de mariposa. Así, Karine, en ese universo donde nuestro tiempo ya no cuenta, había visto ya las joyas que le ofrecerían. Y yo, gracias a Dios, había podido captar su pensamiento. ¡Tales cosas suceden más a menudo de lo que uno piensa!

Y en el fondo, ¿no es normal? Si nuestros amados desaparecidos están realmente cerca de nosotros —pues no hay más lugares que la tierra y el cielo, planos «paralelos» de existencia—, entonces basta tener un poco de mediumnidad, a veces solo en forma temporal, para romper esa especie de velo que nos impide verlos.

A fuerza de amor, de fe, de confianza, pudieron ustedes tres, Yvon, Maryvonne y Karine, rasgar el velo y comunicarse. Y este bello libro es un magnífico testimonio de ello. He leído ya tres veces el manuscrito que me enviaron, y seguramente lo volveré a leer y releer. Los largos mensajes recibidos de Karine por escritura automática e intuitiva son en verdad apasionantes: tantos temas importantes, tantas respuestas claras y relevantes... Por ejemplo, acerca del «juicio» y la «regeneración» que siguen a la transición; de la presencia de animales en el más allá; del hecho de que nuestros difuntos no estén en el panteón pero sí muy cerca de nosotros; del aborto; del acogedor recibimiento que se les da allá a los niños y jóvenes que llegan; de las ocupaciones, las misiones, la oración. Una verdadera enseñanza en total acuerdo con la de los grandes mensajeros, como Pierre Monnier.

Es tan viva y fresca la forma en que Karine se expresa. Al filo de las páginas se tiene la impresión de oír la voz de la jovencita tratando de abrirnos los ojos. Casi creemos tocar la realidad del mundo en donde ahora evoluciona, ese mundo tan cercano al nuestro...

Cómo los ama su hija querida y cómo —es evidente— está feliz de contactarlos, de darles este supremo consuelo. Qué dulce es para quienes pasaron del otro lado asegurarse de que los sabemos siempre en vida, en su cuerpo espiritual. «Es terrible que nos ignoren o nos deseen que descansemos en paz», dice Karine. ¡Cómo la entiendo! Por desgracia, esto debe ser muy frecuente.

Luego ustedes, mis amigos, completaron estos mensajes con sus contactos en transcomunicación instrumental. Este método, iniciado en los años 50, representa sin duda el porvenir de la comunicación con los desaparecidos gracias a la evolución de la tecnología. Es un medio muy convincente, pues cualquier persona, sin necesidad de ser médium, puede oír las voces grabadas.

Por otra parte, me dio mucho gusto ver en esta obra la transimagen de Karine, recibida en la computadora de Luxemburgo por nuestros amigos Jules y Maggy Harsch-Fischbach, destacados entre los más grandes transcomunicadores del mundo. Sorprendente imagen, acompañada de ese instructivo mensaje de su hija, quien ya evoluciona en la luz. Deseo que desde el seno de su asociación sigan con el gran trabajo de difundir la maravillosa noticia de que la muerte no es un fin sino el comienzo de una vida superior, que la muerte en realidad es solo una prodigiosa mutación. Y que su acción rebase las fronteras de México, de América Latina, y refuerce los adelantos en este ámbito en otras partes del mundo.

Gracias a Karine, gracias a ustedes dos, gracias al Divino, que permitió todo esto. Con mucho cariño y muy cerca de ustedes.

Monique Simonet y Pierre Théry, investigador TCI durante muchos años también, siempre ·fueron nuestros apoyos morales y sus opiniones nos ayudaron en momentos difíciles y de duda. Gracias, de todo corazón

El porqué de nuestro símbolo

La mariposa es el símbolo de nuestra asociación. Existen varios motivos por los cuales hemos seleccionado a este hermoso insecto para que nos represente:

Karine Dray se manifestó en varias ocasiones mediante esta mariposa y lo comunicó mentalmente no solo a sus padres, sino a varias personas, incluyendo a un médium.

En griego antiguo, «mariposa» y «alma» tienen el mismo nombre.

Mediante TCI, Karine insistió en denominar nuestra revista La Mariposa; cuando este nombre estaba ya registrado, se logró transferir el nombre del libro escrito por el matrimonio Dray.

Al igual que para el cuerpo humano, cuando la mariposa deja su capullo, el alma se libera al llegar el momento de la «muerte».

Pisadas

Una noche tuve un sueño. Soñé que caminaba con el Señor sobre la playa. A través del firmamento se dibujaban escenas de mi vida. En cada escena, noté que había dos pares de pisadas en la arena: un par pertenecía a mí y el otro al Señor.

Cuando la última escena de mi vida apareció ante mis ojos, miré hacia atrás para ver las pisadas en la arena. Había solamente un par de pisadas. Noté que esto había sucedido durante la época más honda y triste de mi vida. Esto me molestó y pregunté al Señor acerca de mi dilema:

—Señor, tú me dijiste que una vez que hubiera yo decidido seguirte, caminarías y hablarías conmigo toda la vida. Pero he notado que durante las horas más difíciles de mi vida hay solamente un par de pisadas. No comprendo por qué, precisamente cuando más te necesitaba, me has abandonado.

El Señor me dijo al oído:

—Hijo mío amado, yo te quiero mucho y nunca, nunca te abandonaría en los tiempos de prueba y dolor. Cuando tú viste solamente un par de pisadas, era entonces cuando yo te llevaba en mis brazos.

Margaret Fishback.

Pensamiento

En sus carcajadas, ella escuchaba el eco de la felicidad de Dios. Esta jovencita, sonriente, tan llena de encanto, estaba tendida, muriéndose a la orilla del mar y, aun así, el soplido de la muerte no podía borrar su sonrisa. Sus padres sollozaban implorando:

—No nos abandones, pobre hija querida de nuestro corazón; nuestras almas se quiebran al mirarte sufrir.

Sí, las horas del día son lentas al desgranarse hasta la muerte. Cuando se hayan desgranado, la burbuja de la vida estallará y el soplo preso de la vida atravesará la orilla mortal para alcanzar el reino inmaculado de los sueños etéreos. En este lugar en donde ninguna pesadilla de enfermedad tendrá la audacia de pasar el umbral de mi paz.

Yo sigo las oleadas del mar; en el mar estaré libre. Yo soy un polvito de luz, yo nadaré entre las estrellas. Mi pesadilla de deseos terminó, mis sueños de penas están rotos, la luz de la risa nació. Mi luz terrestre se apagó para siempre. Mi luz se mueve en los esplendores de la eternidad.

Pedí a los centinelas de mi voluntad alejar a todos los tristes habitantes de mi suelo y matar al demonio del miedo, del dolor, de la pena y de las cadenas. Nunca más habrá para mí huesos rotos, accidentes, angustias ni fracasos; tampoco preocupaciones de dinero ni de facturas no pagadas ocuparán mi espíritu, ni la sed de poseer me consumirá jamás el alma. Tampoco la descortesía y los pleitos, tampoco las penas o la enfermedad me alcanzarán cuando las puertas de mis sentidos se encuentren cerradas.

Yo les ruego que no me dejen regresar a su prisión. Yo estoy libre. Pronto me iré y estaré en verdad triste de verlos prisioneros de su vida mortal. Pronto estaré sobre el camino del infinito. Derramarán para mí lágrimas tristes. Llorarán mi pérdida, pero yo lloro de alegría, porque me voy antes que ustedes por su bien, para prender las velas de la sabiduría a lo largo del camino, esperando acogerlos en el más allá.

Paramahansa Yogananda, maestro oriental.

Bibliografía

Akehurst, K. (G. M. Roberts). (s. f.). *Guía para el más allá*. Editorial Elecktra.

Arellano, J. y Sayve, C. de. (s. f.). *Una puerta hacia la luz*. Editorial Sansores y Aljure.

Brune, F. (s. f.). *Cristo y Karma: ¿La reconciliación?* Editorial Diana.

Brune, F. (s. f.). *Los muertos nos hablan*. Editorial Edaf. (Original publicado como *Les morts nous parlent*, Éditions Félin/Philippe Lebaud).

Brune, F. y Chauvin, R. (s. f.). *À l›écoute de l›au-delà*. Éditions Philippe Lebaud.

Dray, Y. y Dray, M. (s. f.). *Ahora vimos a Karine: El vuelo de la mariposa*. [Edición de autor/Asociación].

Giovetti, P. (s. f.). *El mensaje de esperanza*. Editorial Tikal.

Guiot, A. y Guiot, G. (s. f.). *La vérité révélée d'Allan Kardec*. Éditions de Mortagne.

Harsch, M. y Locher, T. (s. f.). *Au-delà et transcommunication*. Éditions Parasciences.

Kardec, A. (s. f.). *La verdad revelada* (A. y G. Guiot, Eds.). Éditions de Mortagne.

Kübler-Ross, E. (s. f.). *La muerte: un amanecer*. Editorial Luciérnaga. (Original publicado como *La mort est un nouveau soleil*, Éditions du Rocher).

Martin, J. (s. f.). *Des signes par milliers*. Éditions Laurens.

Meek, G. (s. f.). *Morir... ¿y después qué pasa?* Editorial Diana.

Moody, R. (s. f.). *La vida después de la vida*. Editorial Edaf.

Morse, M. y Perry, P. (s. f.). *Transfigurados por la luz*. Editorial Diana.

Schäfer, H. (s. f.). *Théorie et pratique de la transcommunication*. Éditions Robert Laffont.

Simonet, M. (s. f.). *Et l'ange leva le voile*. Éditions du Rocher.

Simonet, M. (s. f.). *Imágenes y mensajes del más allá* (8.ª ed.). (Original publicado como *Images et messages de l'au-delà*, Éditions du Rocher).

Simonet, M. (s. f.). *Réalité de l'au-delà et transcommunication*. Éditions du Rocher.

Sueyro, V. (s. f.). *El ángel de los niños*. Editorial Planeta.

Tibón, G. (1994). *Una ventana al mundo invisible*. Editorial Planeta.

Van Praagh, J. (s. f.). *Hablando con el cielo*. Editorial Atlántida. (Original publicado como Talking to Heaven).

Wilson Estep, S. (s. f.). *Voices of Eternity*. Fawcett Book / Random House. (Traducido como *Communication avec les morts*, Éditions du Rocher).

La TCI, o Transcomunicación Instrumental, busca establecer contacto con la dimensión espiritual mediante dispositivos como grabadoras, radios o computadoras. En este libro, Yvon y Maryvonne Dray comparten un testimonio revelador sobre la posibilidad de que la comunicación después de la muerte no solo exista, sino que también pueda documentarse. Una obra que desafía los límites entre ciencia y espiritualidad e invita a replantear nuestra visión de la vida, la muerte y la continuidad de la consciencia.

Transcomunicación Instrumental

contacto.karine.tci@gmail.com

http://karine-tci.com

Karine o El Vuelo De La Mariposa

Made in United States
Troutdale, OR
11/03/2026

56845267R00127